高等工科院校 CAD/CAM/CAE 系列教材

CAD 练习题集
第 2 版

王 伟 富国亮 宋宪一 编

机械工业出版社

本书由基础部分、工程图部分、三维部分及其他图形组成。本次修订增加了一定数量的竞赛图形。使用不同的设计软件，根据本书内容进行有选择的练习，读者能够熟练掌握并应用CAD系统完成对产品的二维工程图绘制、零部件三维建模结构设计等，同时，也能对当前相关的2D、3D竞赛中的题型有所熟悉，增强适应竞赛的绘图及建模的能力。

本书可作为高等本科院校、专科院校相关课程的辅助教材，也可供有关工程技术人员参考。

图书在版编目（CIP）数据

CAD练习题集/王伟，富国亮，宋宪一编. —2版. —北京：机械工业出版社，2020.6
（2023.8重印）
高等工科院校 CAD/CAM/CAE 系列教材
ISBN 978-7-111 65733-0

Ⅰ.①C… Ⅱ.①王… ②富… ③宋… Ⅲ.①AutoCAD 软件-高等学校-习题集
Ⅳ.①TP391.72-44

中国版本图书馆 CIP 数据核字（2020）第 090550 号

机械工业出版社（北京市百万庄大街22号　邮政编码100037）
策划编辑：薛　礼　　责任编辑：薛　礼
责任校对：王　欣　　封面设计：张　静
责任印制：郜　敏
北京富资园科技发展有限公司印刷
2023年8月第2版第3次印刷
260mm×184mm・14.25印张・351千字
标准书号：ISBN 978-7-111-65733-0
定价：39.00元

电话服务　　　　　　　　　　网络服务
客服电话：010-88361066　　机　工　官　网：www.cmpbook.com
　　　　　010-88379833　　机　工　官　博：weibo.com/cmp1952
　　　　　010-68326294　　金　书　网：www.golden-book.com
封底无防伪标均为盗版　　　　机工教育服务网：www.cmpedu.com

第 2 版前言

在对产品进行开发和设计的过程中，借助计算机及 CAD 系统，熟练绘制各类二维图样，进行三维实体建模设计，是正确、快捷、简明表达最终设计结果的重要步骤，也是当代设计人员必须掌握的重要方法。

编者根据多年来利用计算机辅助绘图和建模技术在教学、培训与推广工作中总结的经验，编写了这套适合教学练习和培训使用的练习题集。本书图形大部分来自教学和企业工程案例，与制图相关课程中 CAD 教学内容密切相联，内容覆盖二维绘图和三维建模，突出对学生识图能力和绘图能力的培养，注重实用性和工程性。

考虑到 CAD 技术在机械、建筑领域应用的普适性，本书在第 1 版的基础上，将电路图绘制部分删去，增加了一定数量的二维工程图绘制和三维建模的竞赛图形，以增强学生适应竞赛的绘图及建模的能力。本书由基础部分、工程图部分、三维部分及其他图形组成。题例由浅入深、由简到繁、类型多样、题量充足，可以参照软件命令使用频度进行梯度配置，学生在练习过程中可按一定的深度、广度进行题型选择，可有效地提升空间思维能力。

本书由天津中德应用技术大学王伟、富国亮和宋宪一编写。本书在修订过程中得到了北京菁华锐航科技有限公司的大力支持，第四部分的竞赛图形来自于该公司组织的全国数字化竞赛 CaTICs（Computer-aided Tean & Individual Challenges）广域网考试题库系统，特此说明，并表示衷心的感谢！

本书适合学习计算机辅助设计与绘图各层次、各专业学生使用，也可供工程技术人员参考。

由于编者水平有限，书中疏漏及不妥之处在所难免，恳请读者不吝指教。

编　者

第1版前言

随着计算机技术在各领域的广泛应用，使用计算机绘制图形并设计出产品已成为当代设计人员应掌握的首要方法。在利用 CAD 技术对一个产品进行开发和设计的整个过程中，相当大的一部分任务是借助计算机及绘图设计软件，制作和产生各种二维图形、三维实体模型及工程施工等图样。由此可见，熟练掌握 CAD 技术进行绘图和设计，是能否正确、快捷、简明表达最终设计结果的重要步骤。

本书是编者在总结多年的教学及教学改革经验的基础上，根据不同层次、专业的学员在学习计算机辅助绘图及设计课程中的需求，编汇出的适合教学及练习使用的练习题集。

本书的深度适用于国内外 CAD 领域各层次相关软件，不限定于某一特指绘图设计软件。在编绘顺序上由基础部分、工程图部分、三维部分和其他图形部分组成，同时也提供了一定数量的建筑图和电路图。不同的设计软件可根据练习题集的内容进行有选择地练习。练习的目的在于熟练掌握并应用 CAD 系统完成对机械产品的二维工程图形制作、零部件结构三维设计及其他图形的绘制。

本书由天津中德职业技术学院王伟、宋宪一任主编，完成教材中第三、四部分的编绘内容；天津第一轻工业学校张虹任副主编，完成教材中第一、二部分的编绘内容；天津职业大学袁文革、天津中德职业技术学院孟祥琦协同完成教材中第一、二部分的编绘内容。同时对天津中德职业技术学院 04 级计算机辅助设计与制造专业的宁博洋、张阳同学的帮助表示感谢。

本书适合学习计算机辅助设计与绘图各层次、各专业人员使用，也可供工程设计人员学习 CAD 技术时参考。

限于编绘时间和编者水平，书中疏漏及不妥之处在所难免，恳请读者不吝指点。

编 者

目　录

第 2 版前言
第 1 版前言
第一部分　基础部分 …………………………………… 1
　一、基础图形 …………………………………………… 1
　　1. 点和线 …………………………………………… 1
　　2. 圆、椭圆和圆弧连接 …………………………… 4
　　3. 矩形和多边形 …………………………………… 15
　二、图形编辑 …………………………………………… 18
　　1. 复制与镜像 ……………………………………… 18
　　2. 阵列与旋转 ……………………………………… 21
　　3. 倒圆和倒角 ……………………………………… 27
　　4. 移动和拉伸 ……………………………………… 28
　　5. 比例缩放 ………………………………………… 29
第二部分　工程图部分 ………………………………… 30
　一、工程标注 …………………………………………… 30
　　1. 尺寸标注 ………………………………………… 30
　　2. 表面结构的标注 ………………………………… 32
　　3. 几何公差的标注 ………………………………… 36
　二、工程图的绘制 ……………………………………… 39
　　1. 零件图 …………………………………………… 39
　　2. 装配图 …………………………………………… 46

第三部分　三维部分 …………………………………… 78
　一、实体造型 …………………………………………… 78
　　1. 基本特征 ………………………………………… 78
　　2. 阵列与镜像 ……………………………………… 89
　　3. 钣金与旋转 ……………………………………… 96
　　4. 扫描与放样 ……………………………………… 105
　　5. 综合实例 ………………………………………… 113
　二、三维标注 …………………………………………… 121
　三、实体装配 …………………………………………… 132
　　1. 联轴部件 ………………………………………… 132
　　2. 千斤顶 …………………………………………… 138
　　3. 偏心传动机构 …………………………………… 145
　　4. 机床夹具 ………………………………………… 155
　　5. 气缸模型 ………………………………………… 164
第四部分　其他图形 …………………………………… 179
　一、建筑图样 …………………………………………… 179
　二、竞赛图形 …………………………………………… 191
　　1. 2D 图形 …………………………………………… 191
　　2. 3D 图形 …………………………………………… 206
附录　竞赛图形答案 …………………………………… 221
参考文献 ………………………………………………… 222

第一部分 基础部分

一、基础图形

1. 点和线

（1）已知以下5个点的坐标，画出五角星。

（2）

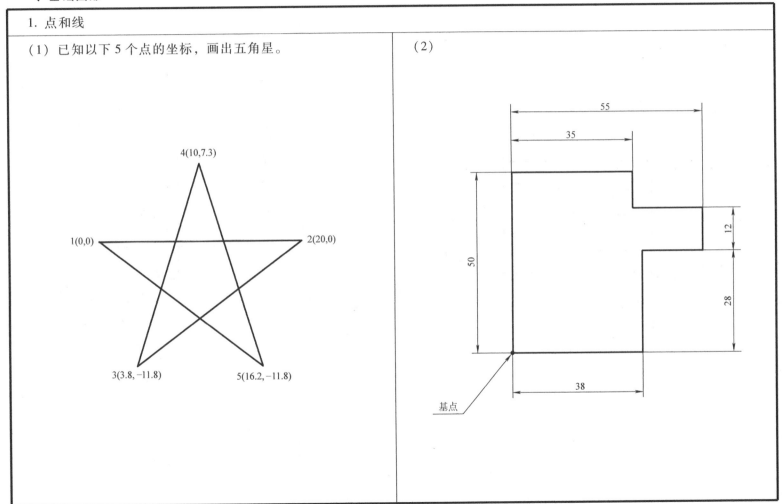

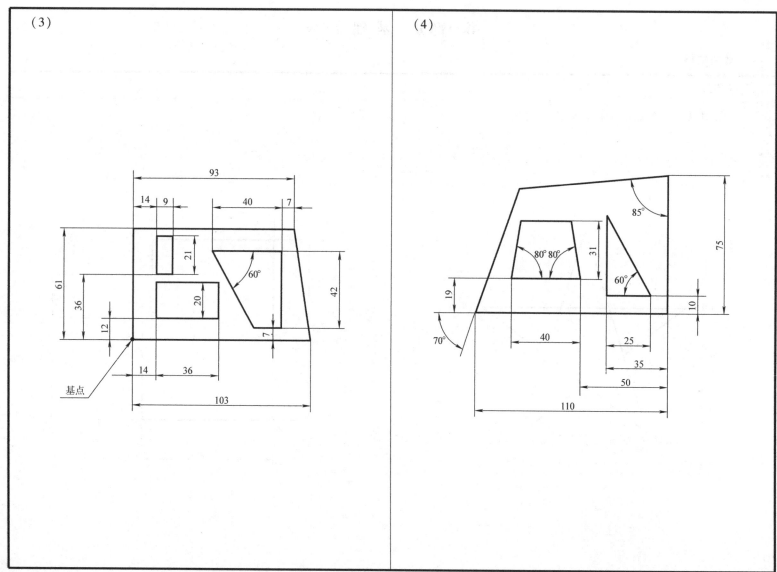

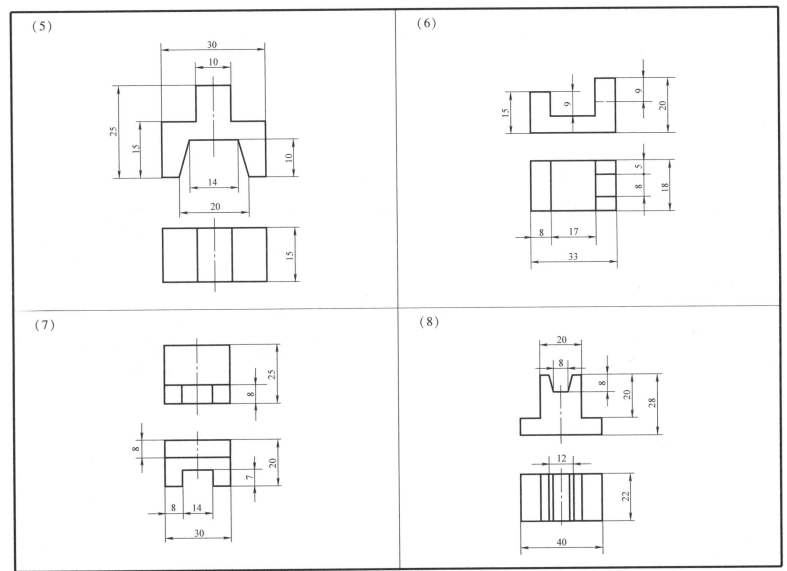

2. 圆、椭圆和圆弧连接

(1)

(2)

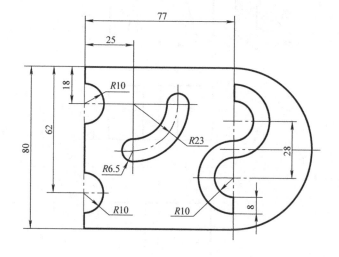

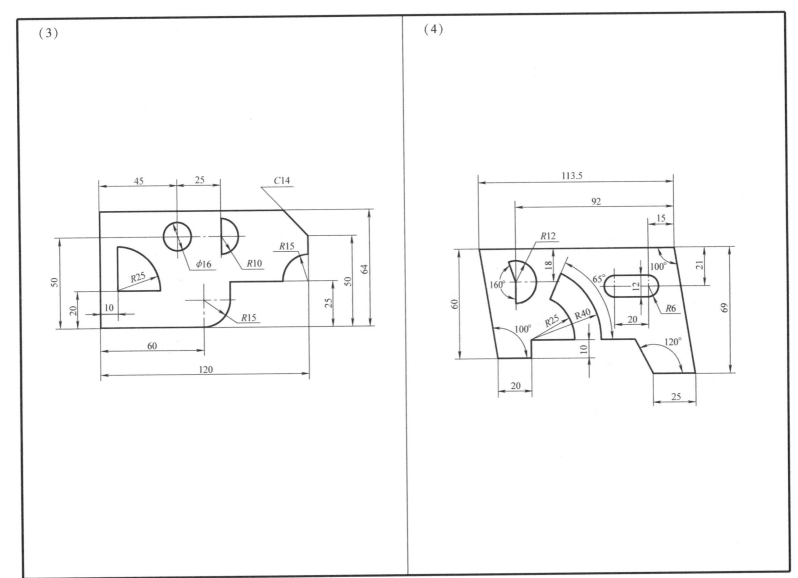

(5)

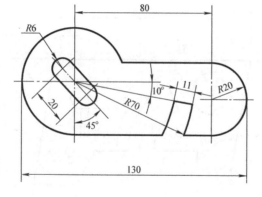

(6)

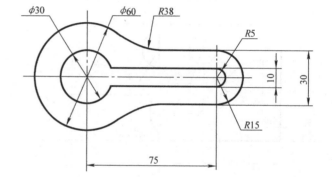

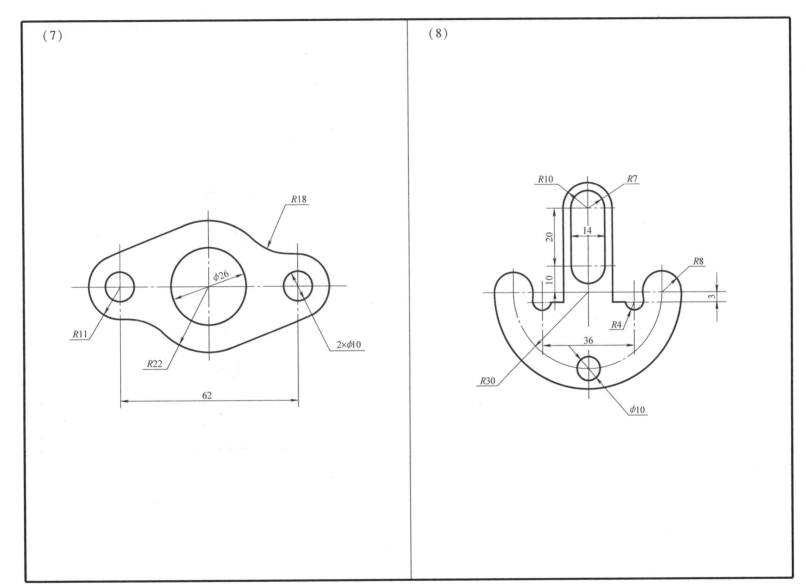

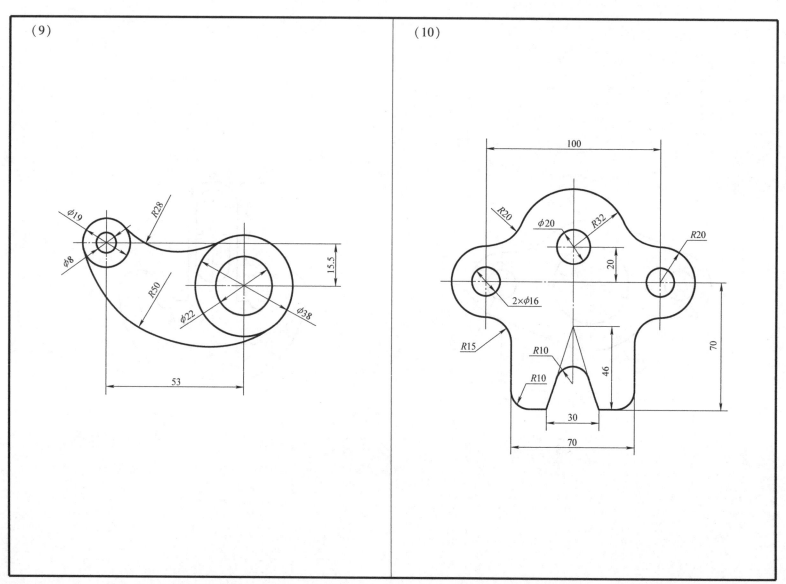

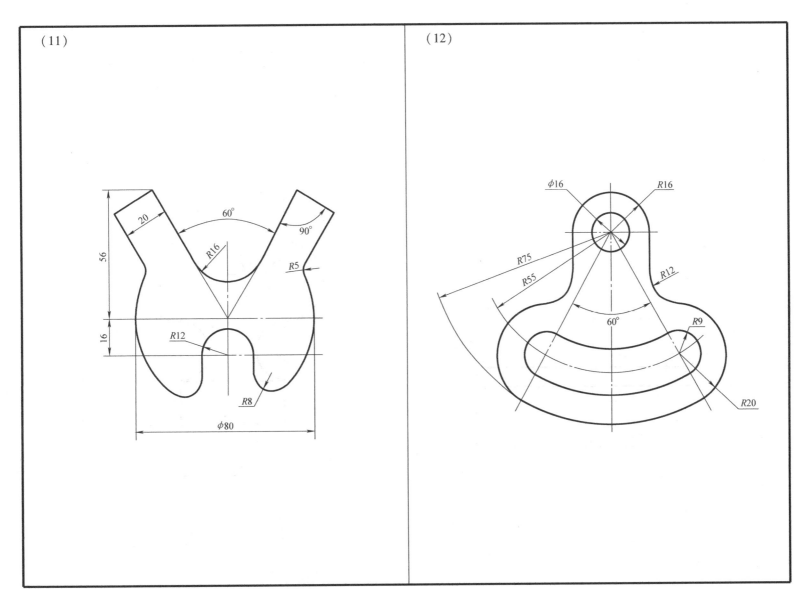

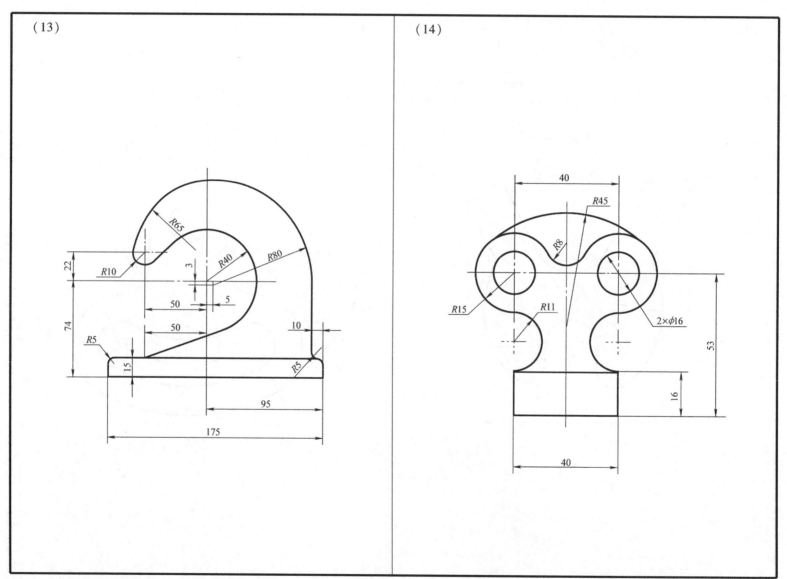

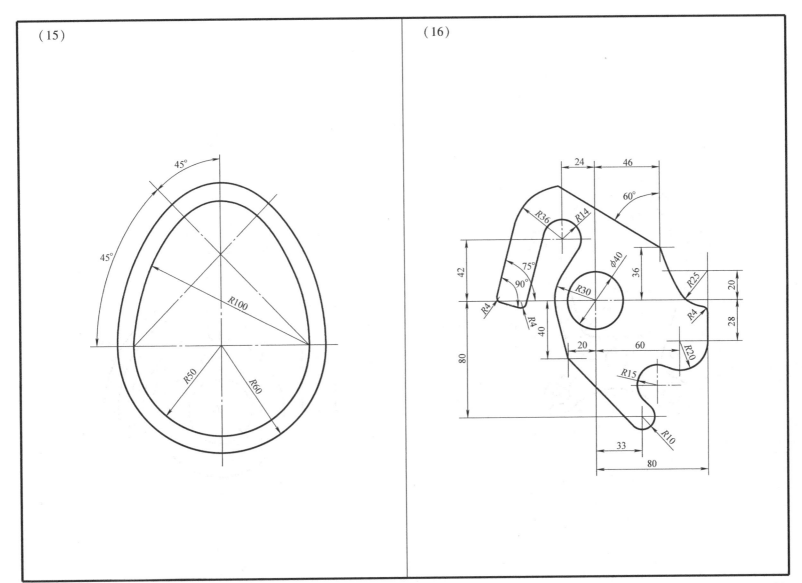

(17)

(18)

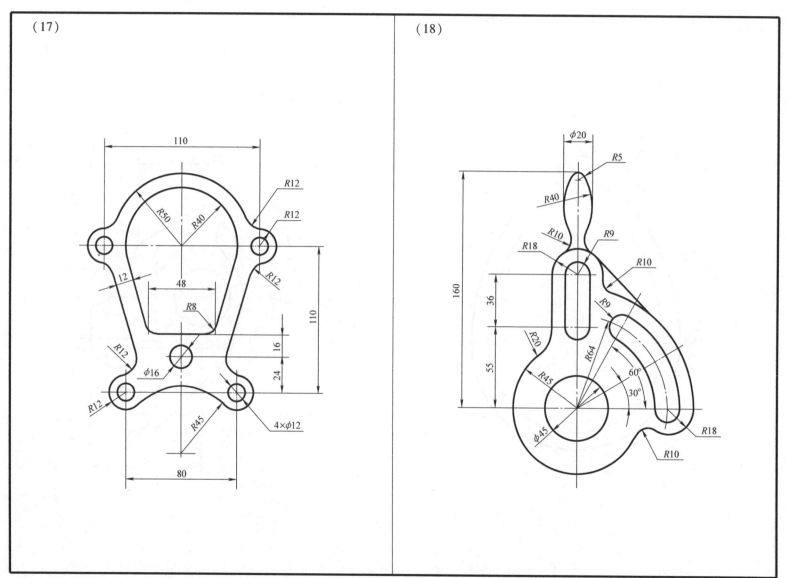

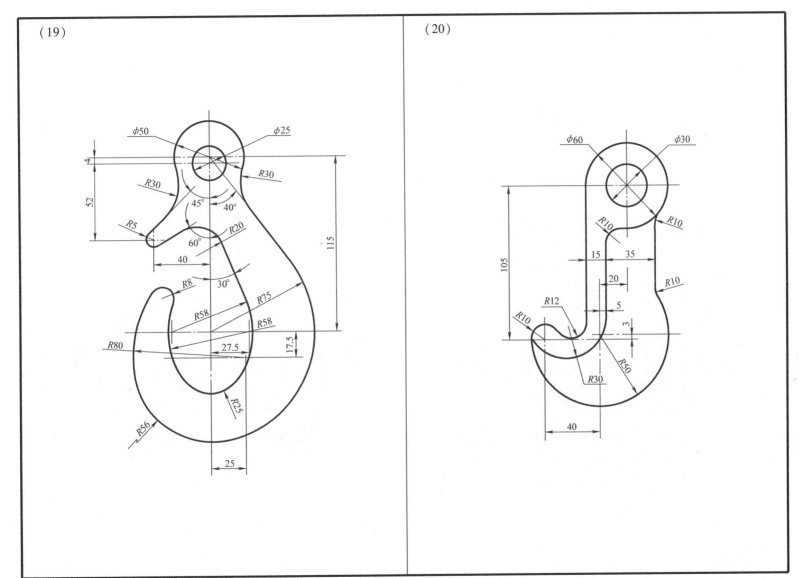

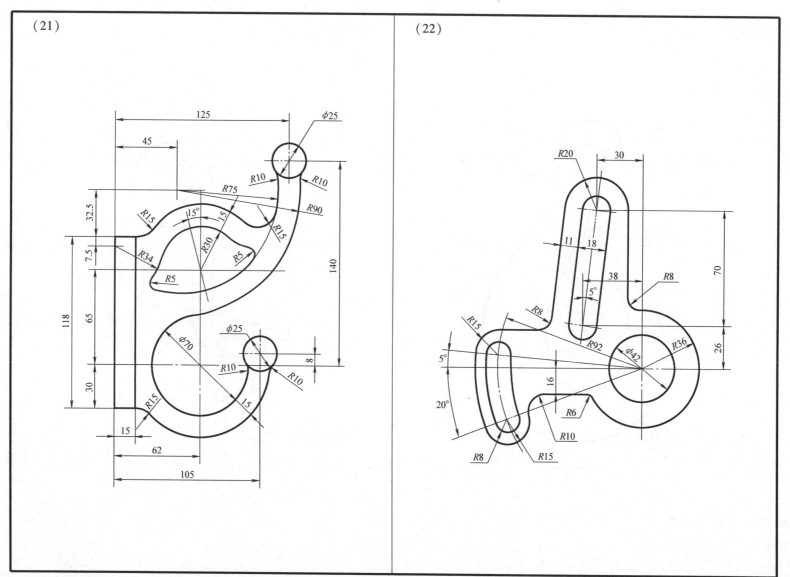

3. 矩形和多边形

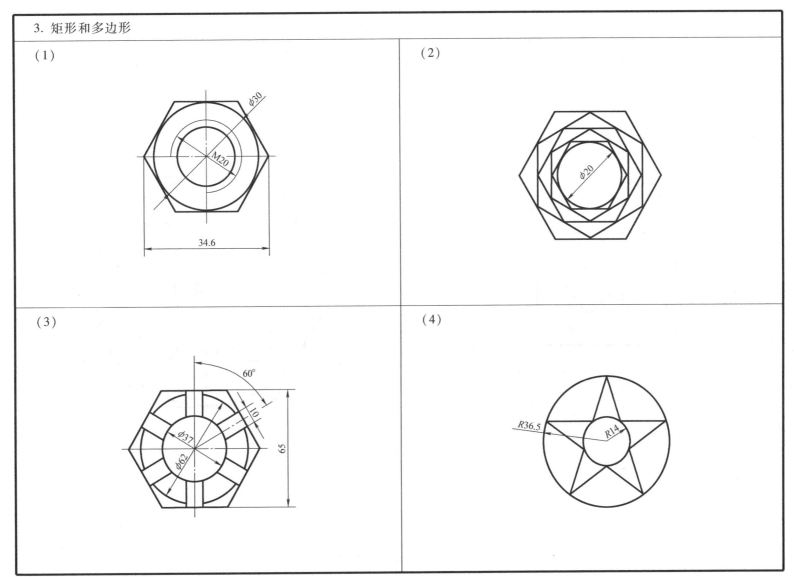

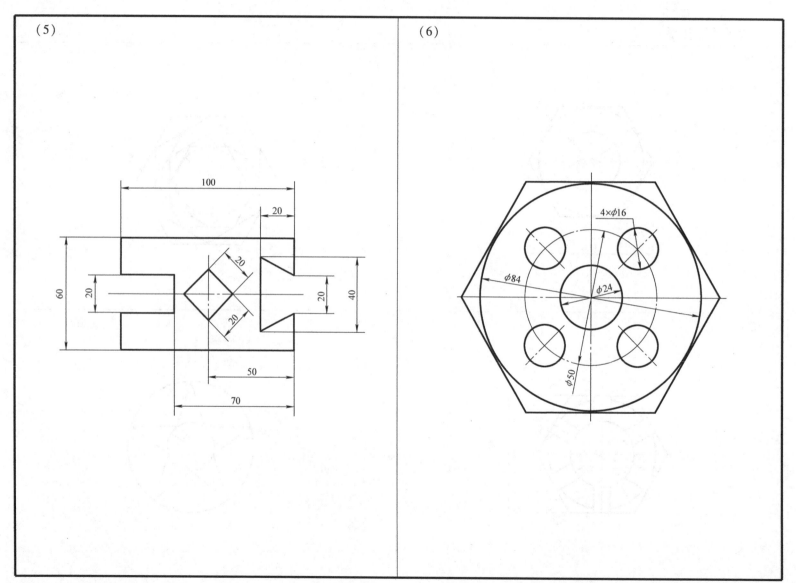

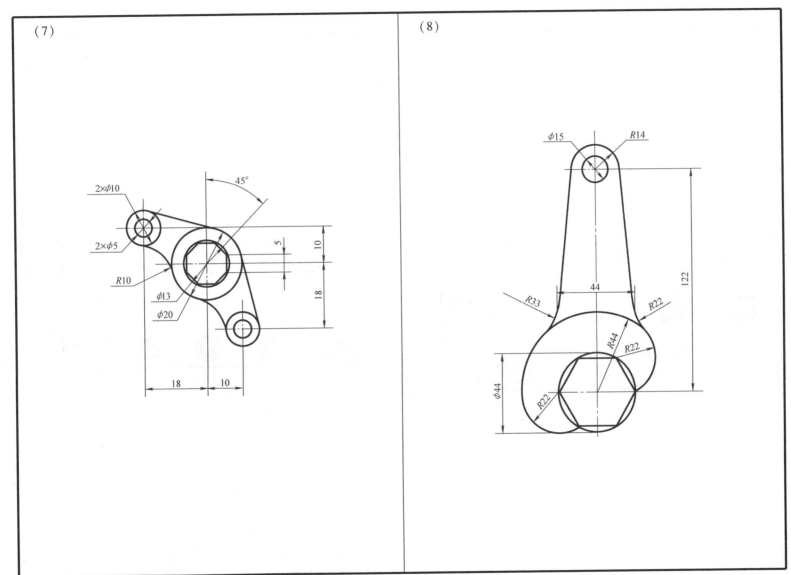

二、图形编辑

1. 复制与镜像

（1）

（2）

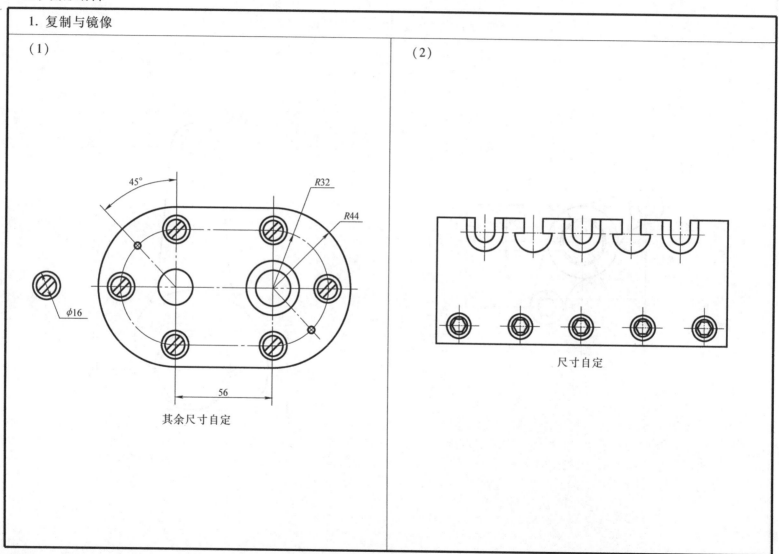

其余尺寸自定

尺寸自定

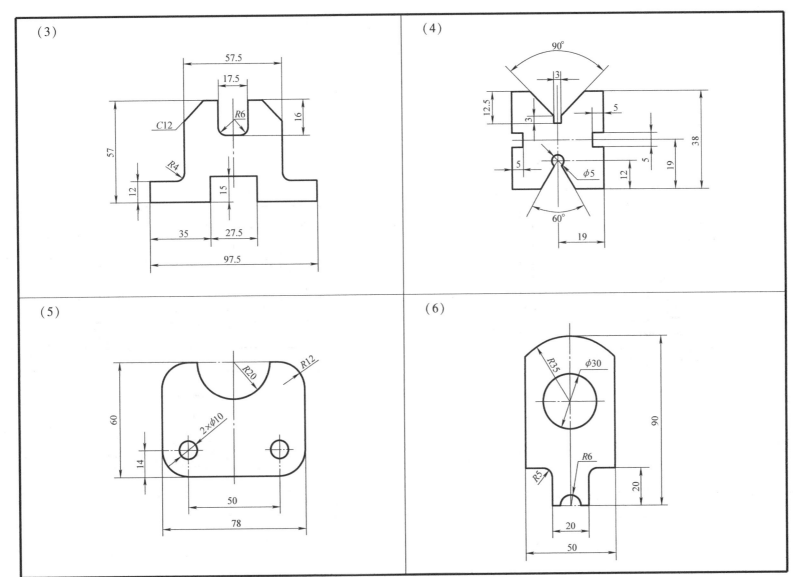

(7)

(8)

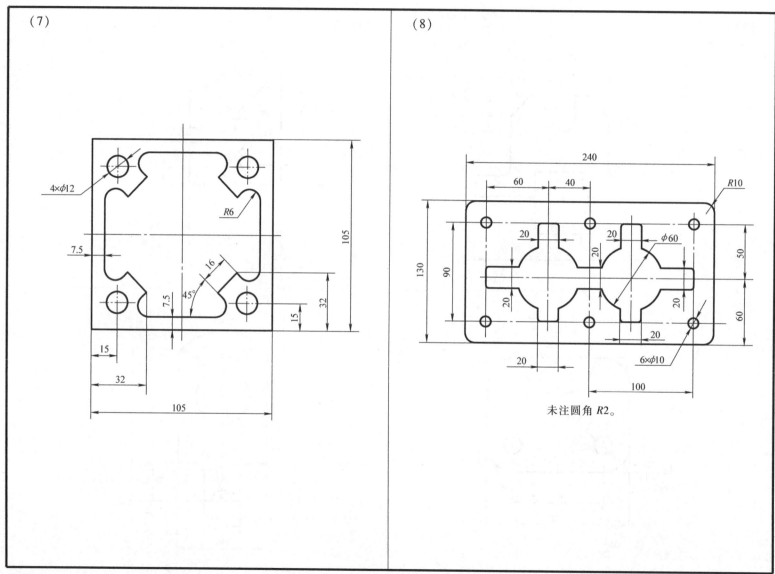

未注圆角 R2。

2. 阵列与旋转

(1)

(2)

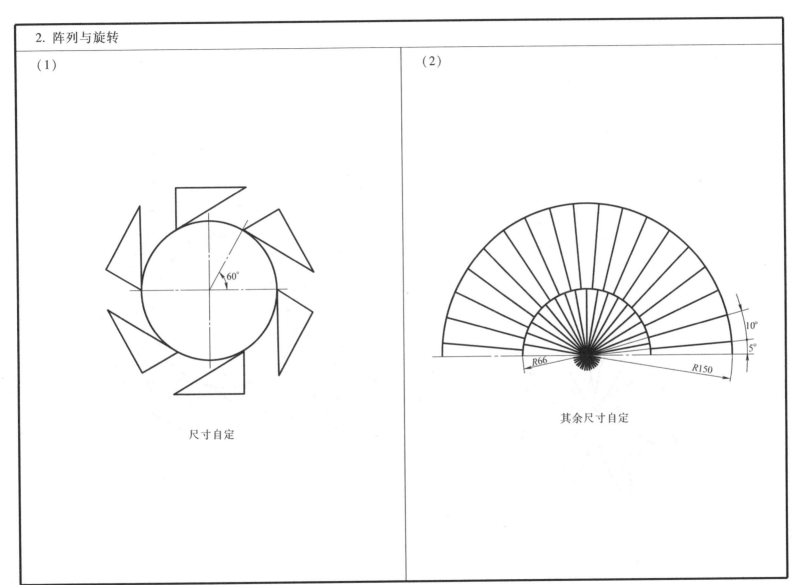

尺寸自定

其余尺寸自定

(3)

(4)

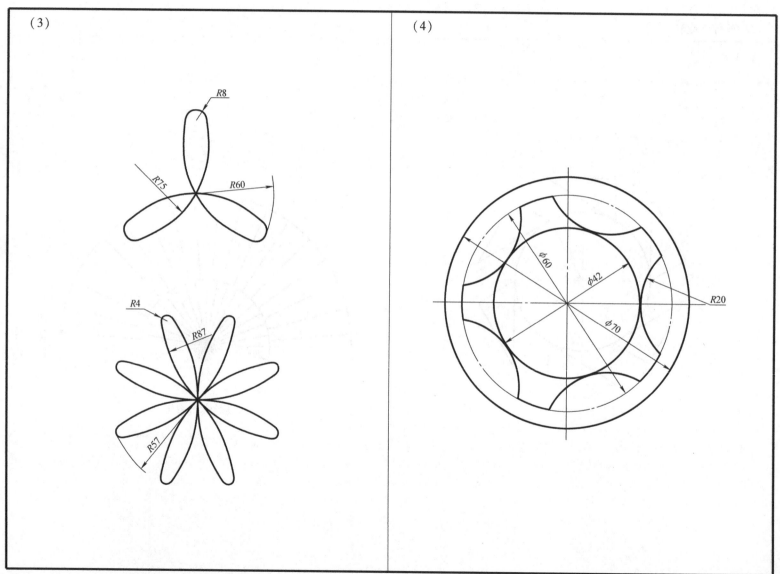

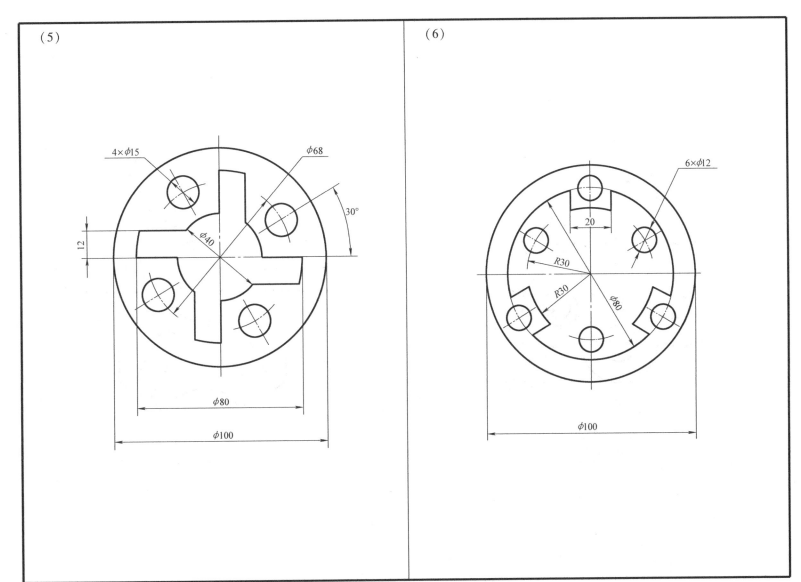

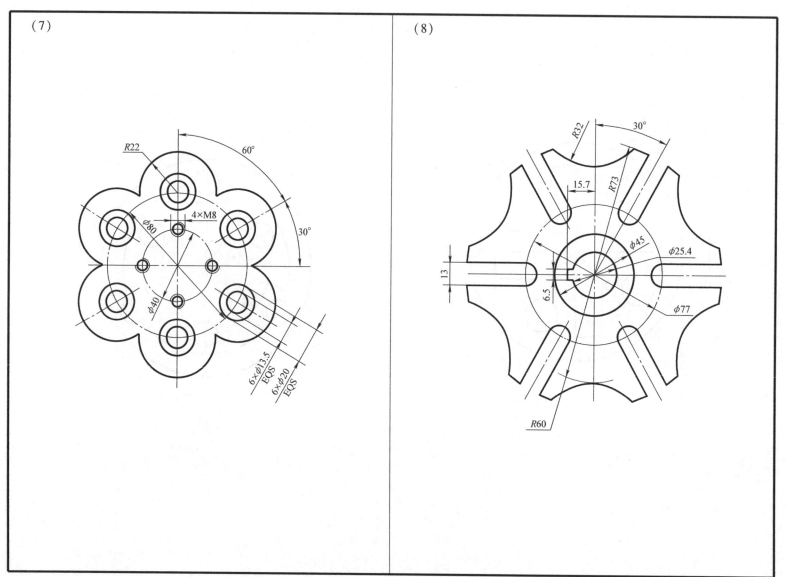

(9)

(10)

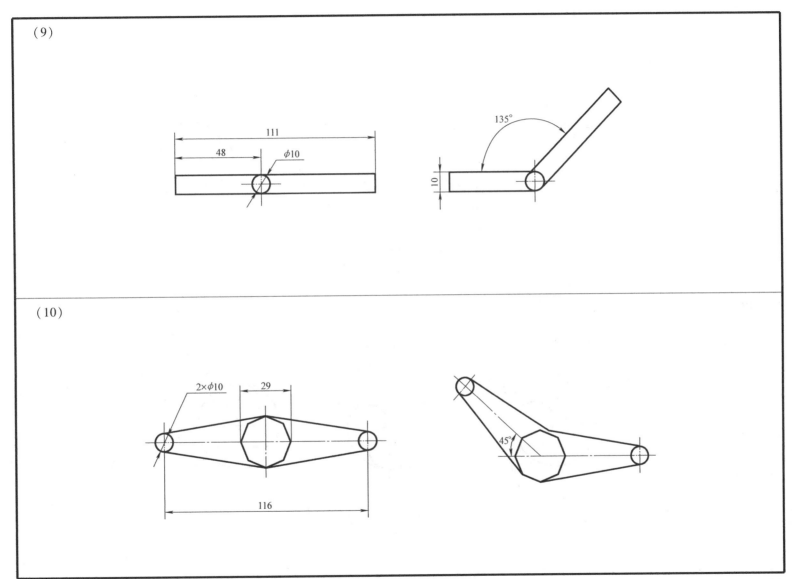

(11)

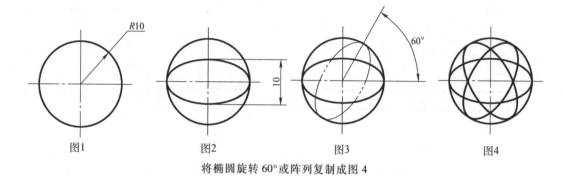

图1　　　　　　图2　　　　　　图3　　　　　　图4

将椭圆旋转60°或阵列复制成图4

(12)

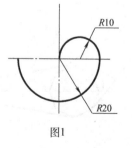　　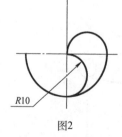　　

图1　　　　　　　　图2　　　　　　　　图3

将图2旋转或阵列复制成图3

3. 倒圆和倒角

(1)

(2)

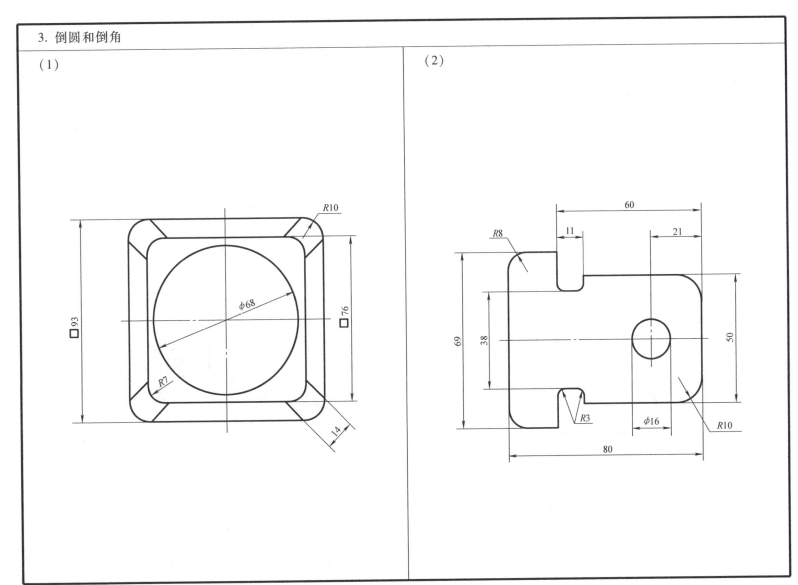

4. 移动和拉伸

(1)

(2)

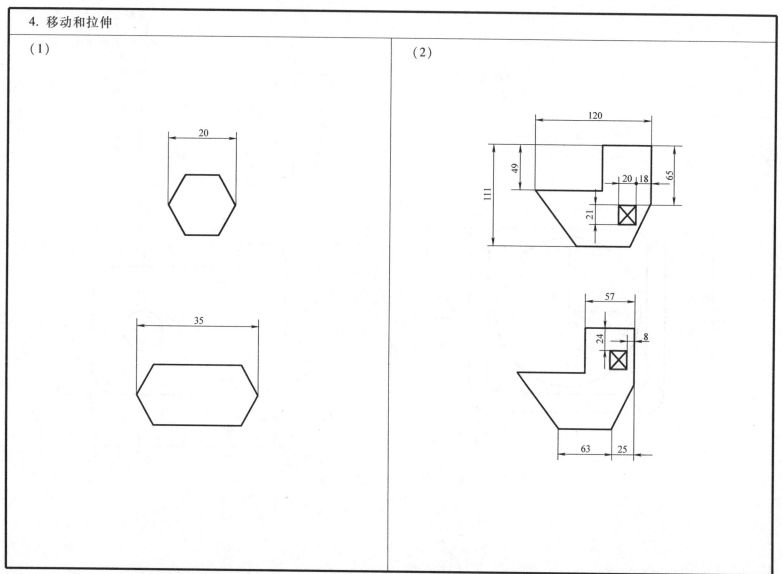

5. 比例缩放

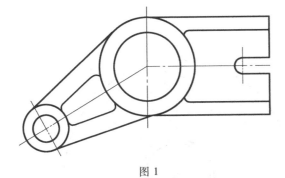

图1

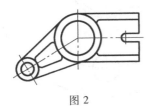

图2

图2为图1的缩小图

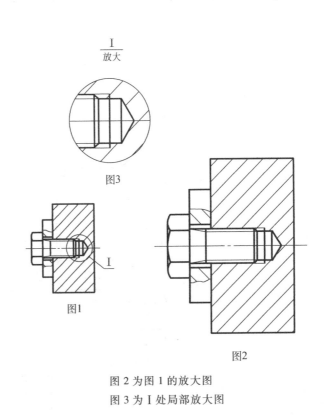

图2为图1的放大图
图3为Ⅰ处局部放大图

第二部分 工程图部分

一、工程标注

1. 尺寸标注

(1)

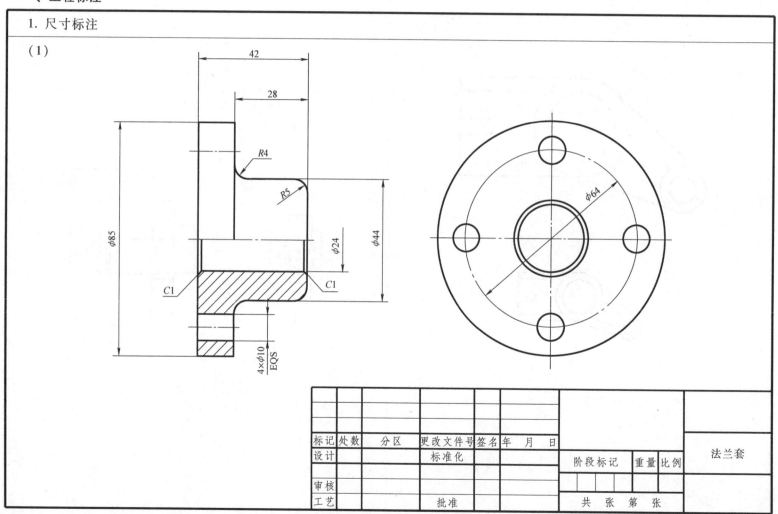

(2)

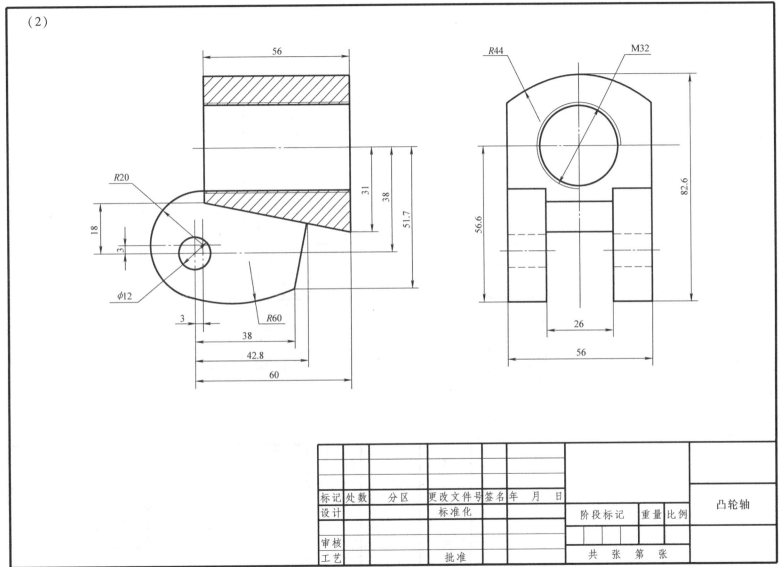

2. 表面结构的标注

（1）

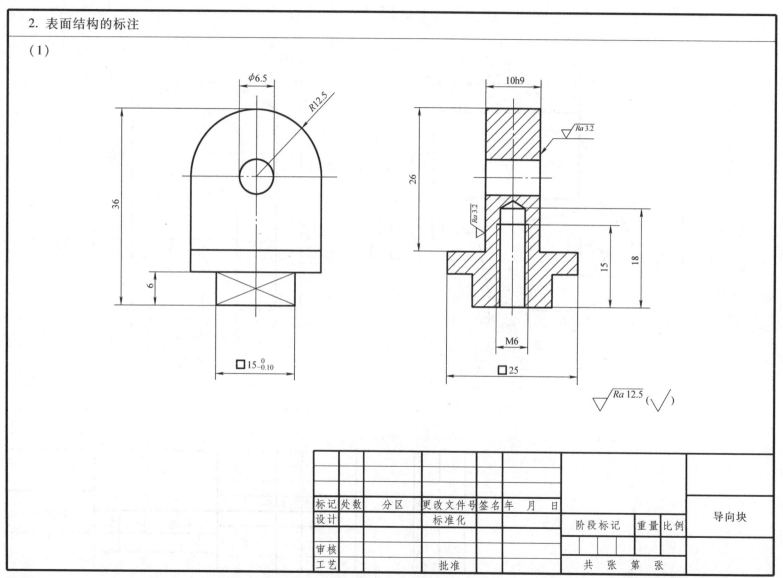

(2)

法向模数	m_n	2
齿数	z	30

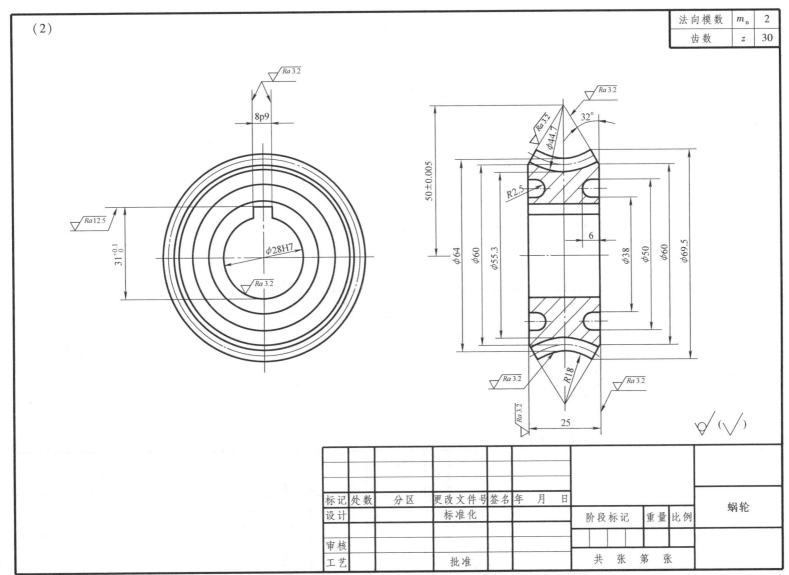

标记	处数	分区	更改文件号	签名	年 月 日			蜗轮
设计			标准化			阶段标记	重量 比例	
审核								
工艺			批准			共 张 第 张		

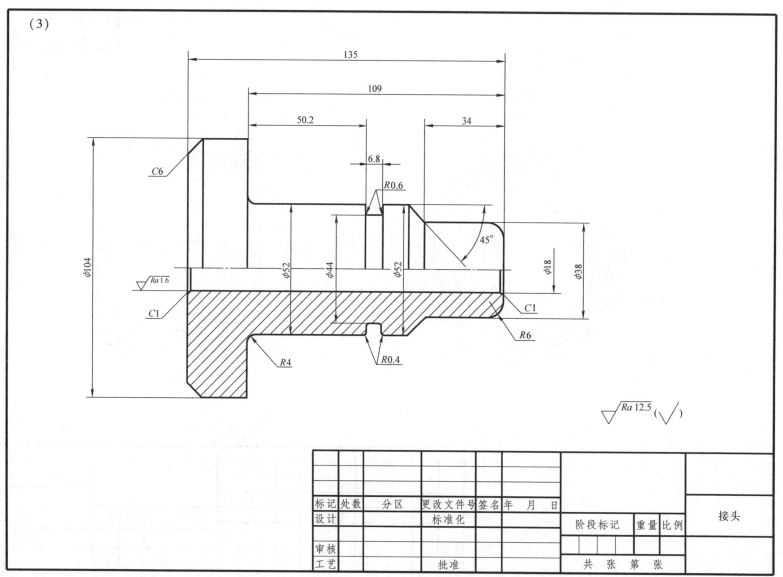

(4)

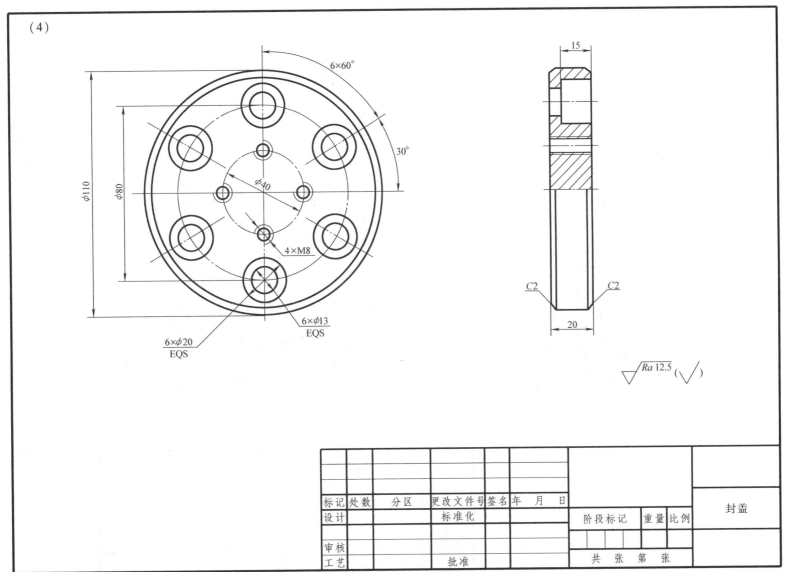

3. 几何公差的标注

（1）

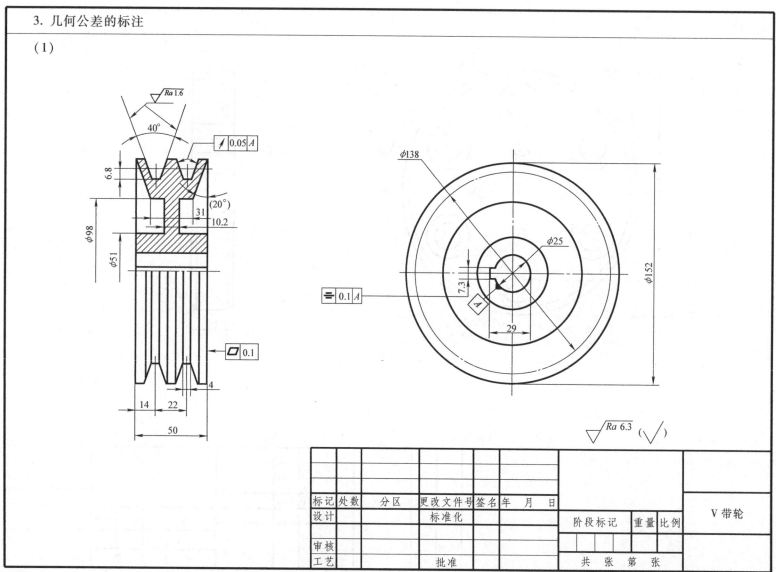

V带轮

(2)

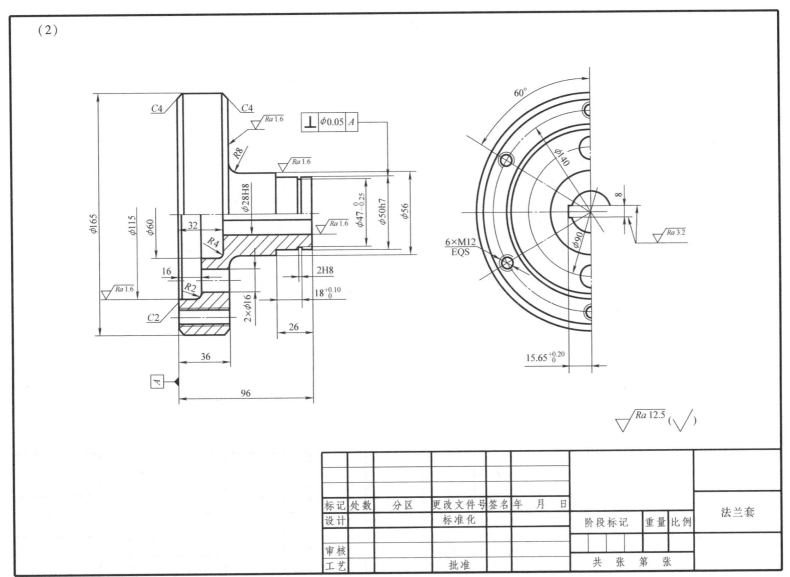

法兰套

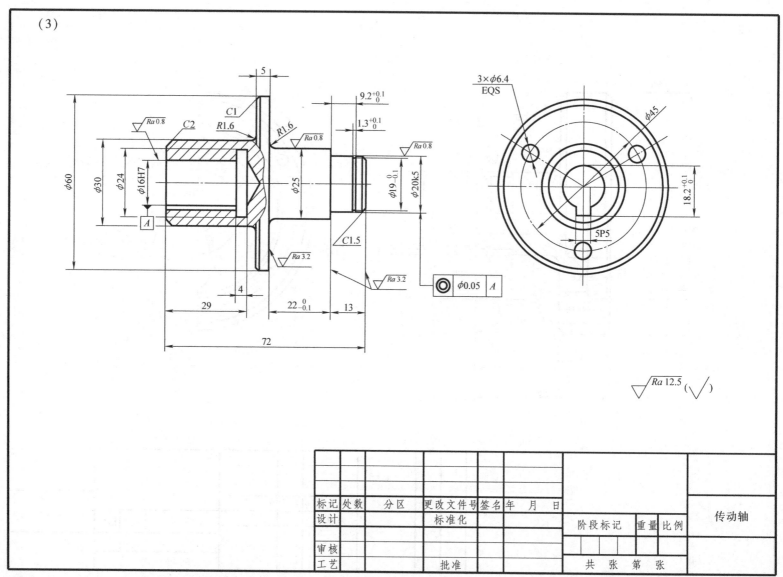

二、工程图的绘制

1. 零件图

（1）

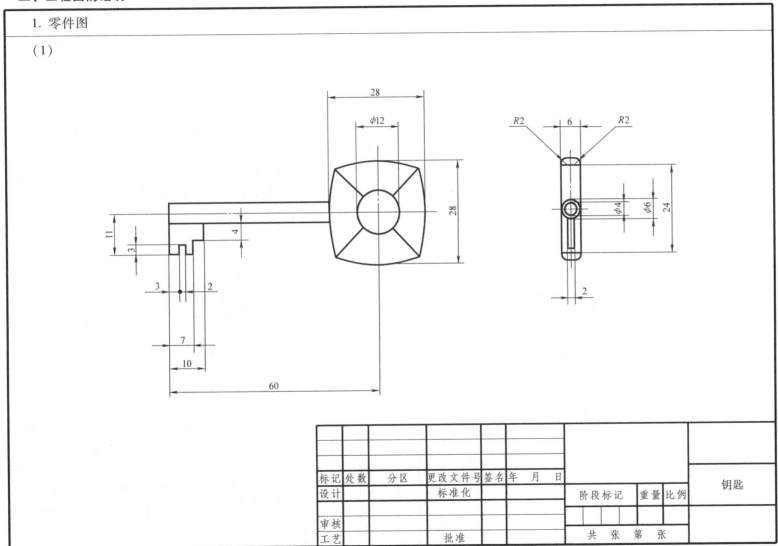

(2)

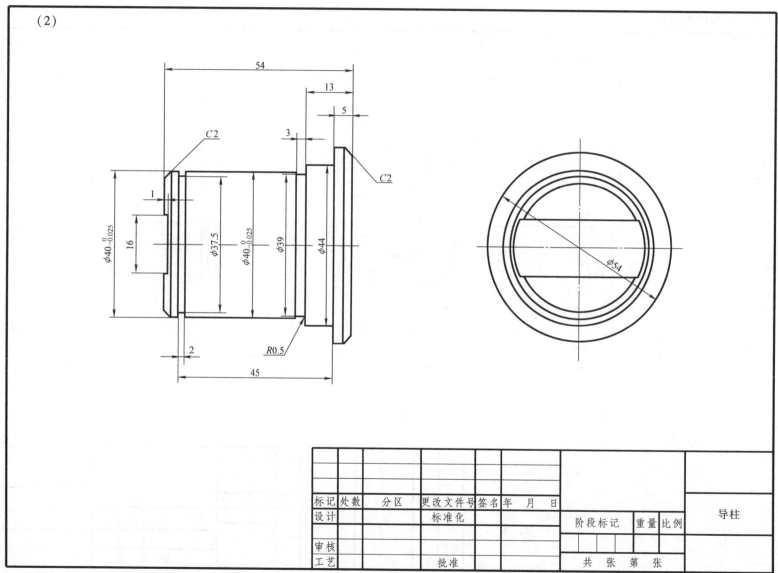

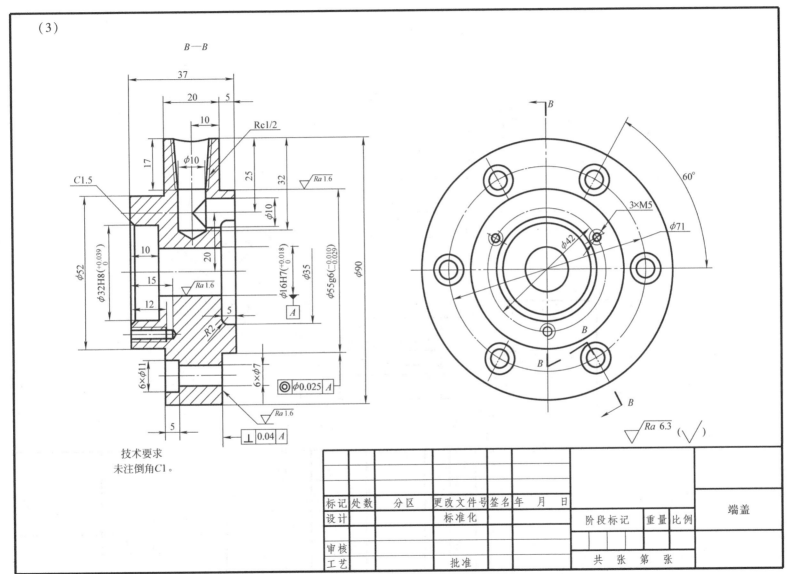

(4)

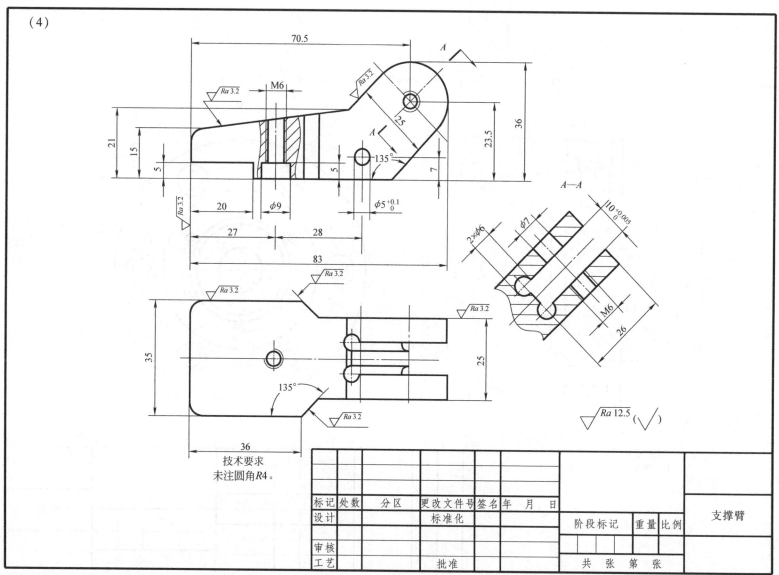

技术要求
未注圆角R4。

支撑臂

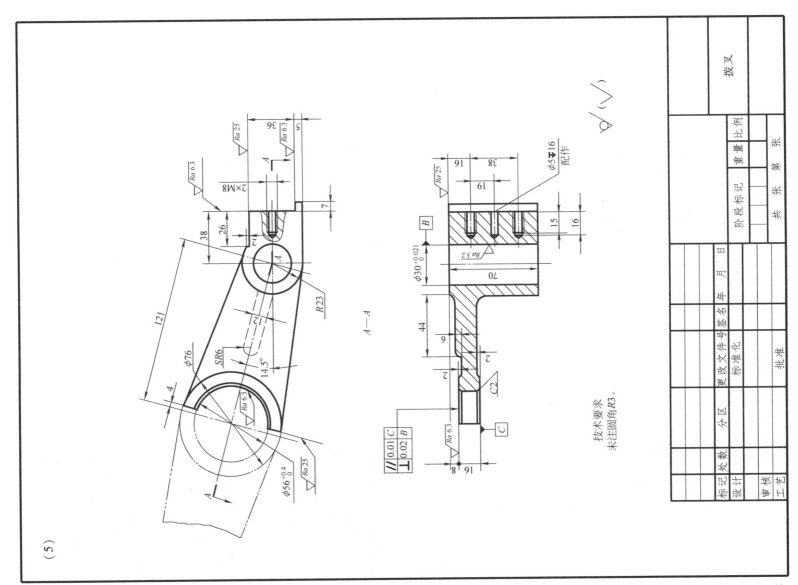

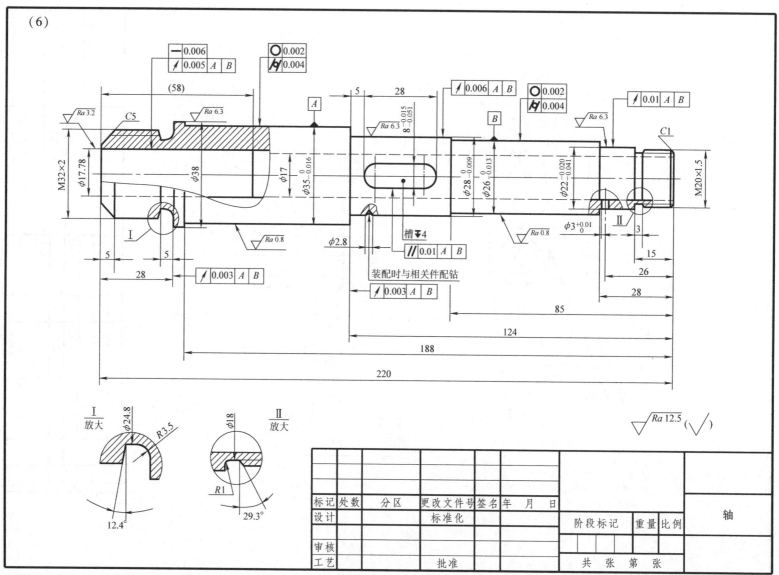

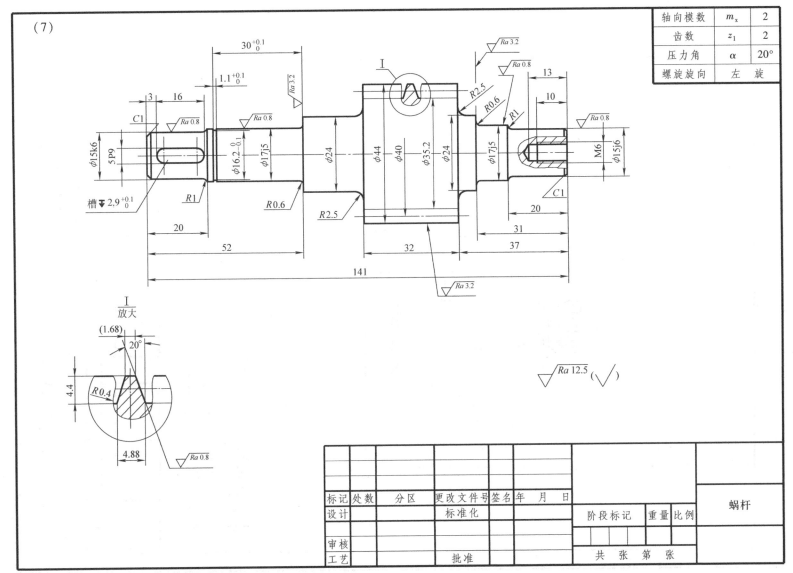

轴向模数	m_x	2
齿数	z_1	2
压力角	α	20°
螺旋旋向		左旋

蜗杆

2. 装配图

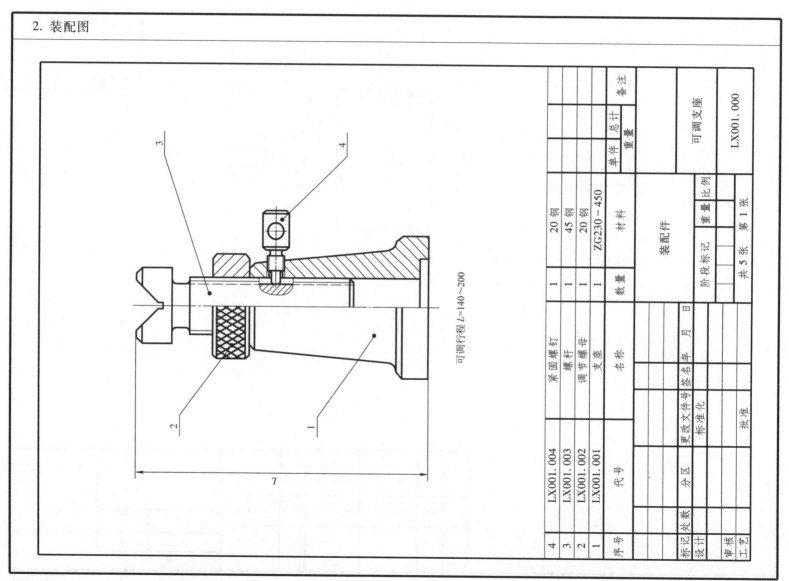

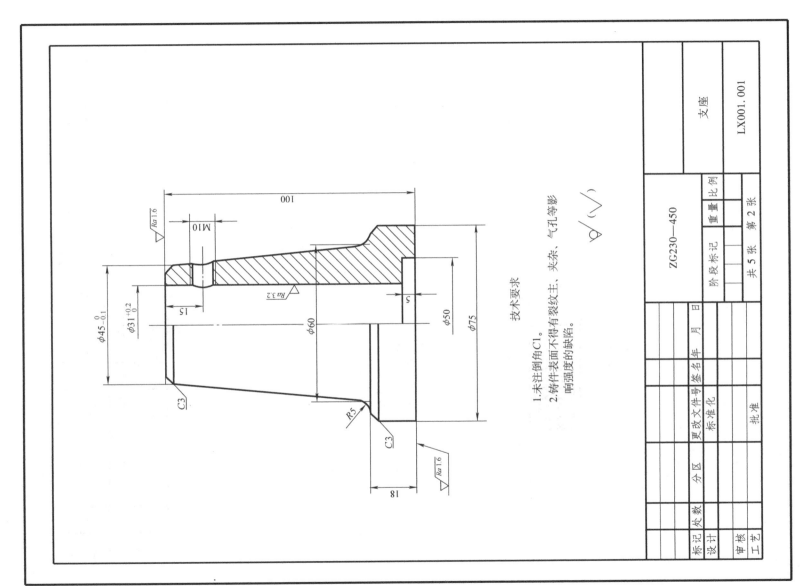

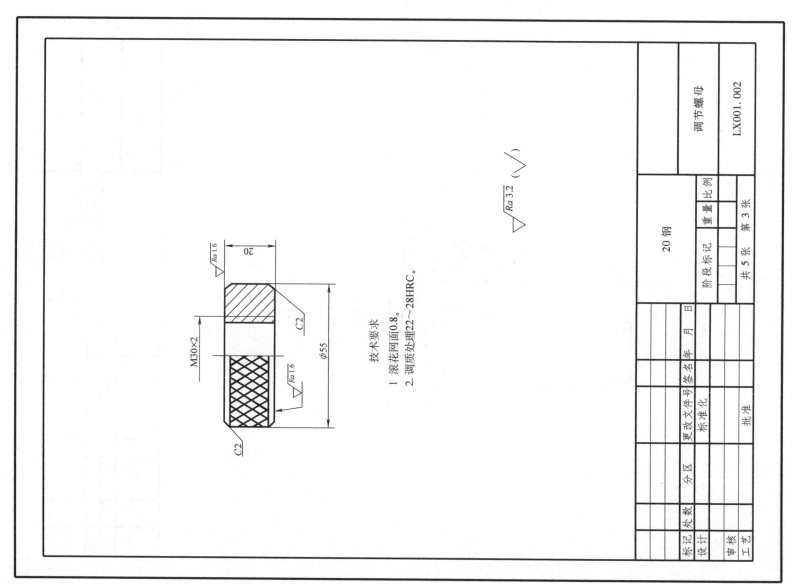

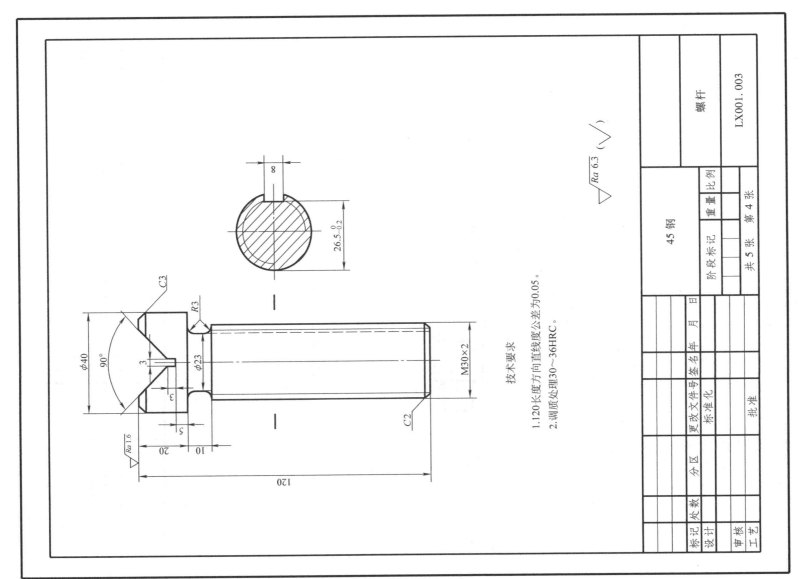

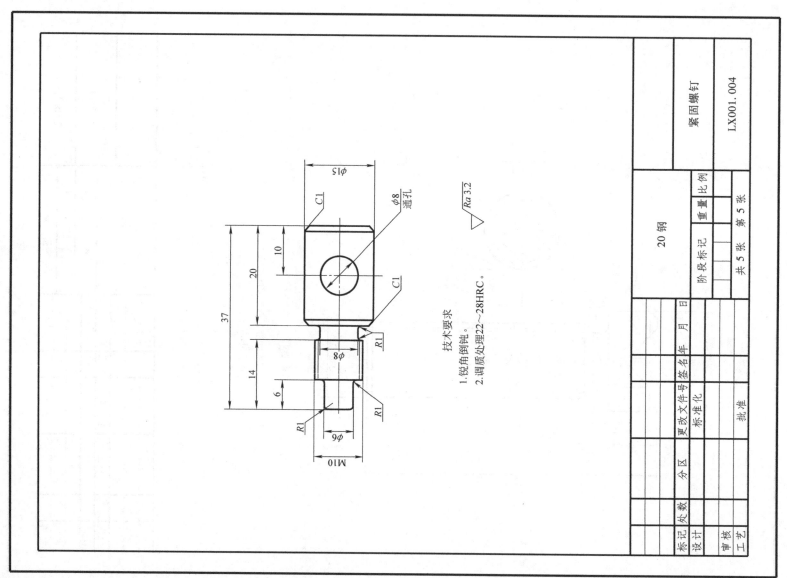

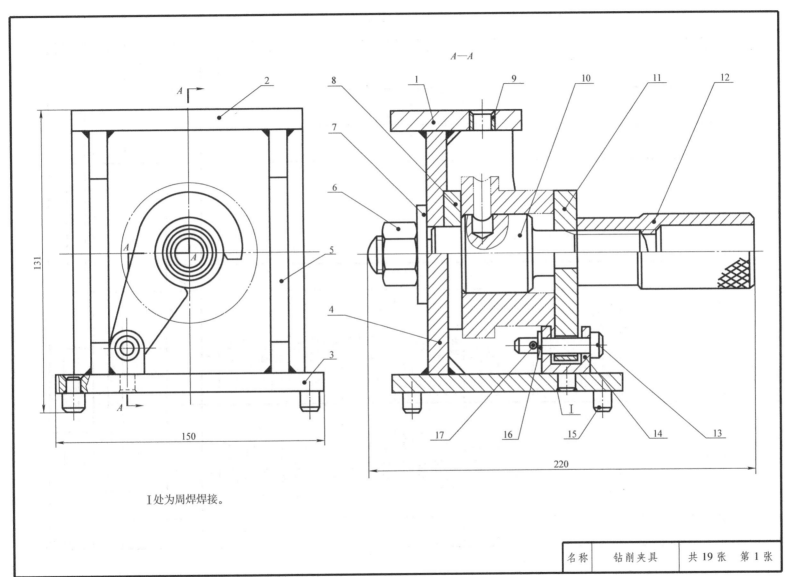

I处为周焊焊接。

| 名称 | 钻削夹具 | 共19张 第1张 |

序号	代号	名称	数量	材料	单件	总计	备注
17		开口销	1				
16		小垫圈	1				
15		地脚	4				
14	LX002.0010	定位座	1				
13	LX002.009	销	1				
12	LX002.008	手动螺母	1				
11	LX002.007	钩形挡片	1				
10	LX002.006	定位销	1				
9	LX002.005	钻套	1				
8	LX002.004	挡片	1				
7	LX002.003	垫圈	1				
6	LX002.002	螺母	1				
5	LX002.001-4	侧挡板	2				
4	LX002.001-3	后挡板	1				
3	LX002.001-2	底板	1				
2	LX002.001-1	上挡板	1				
1	LX002.001	机架	1				

装配件　钻削夹具　LX002.000

第 2 张　共 19 张

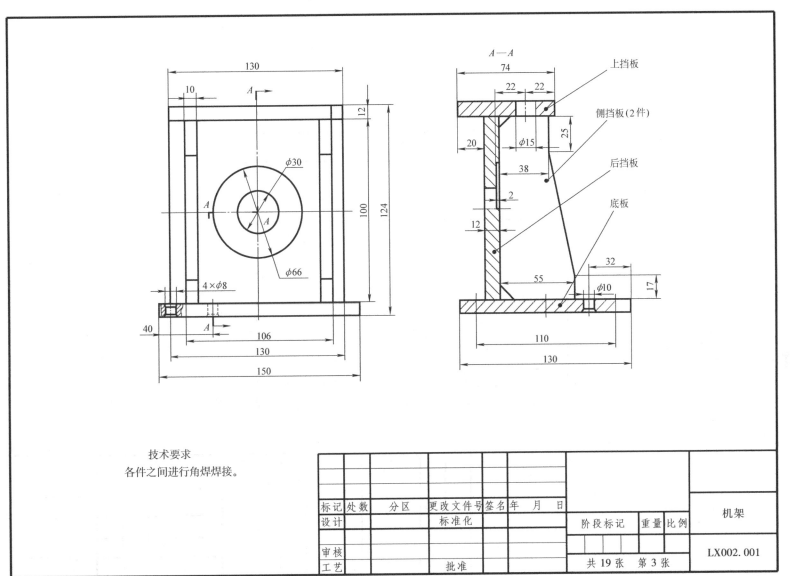

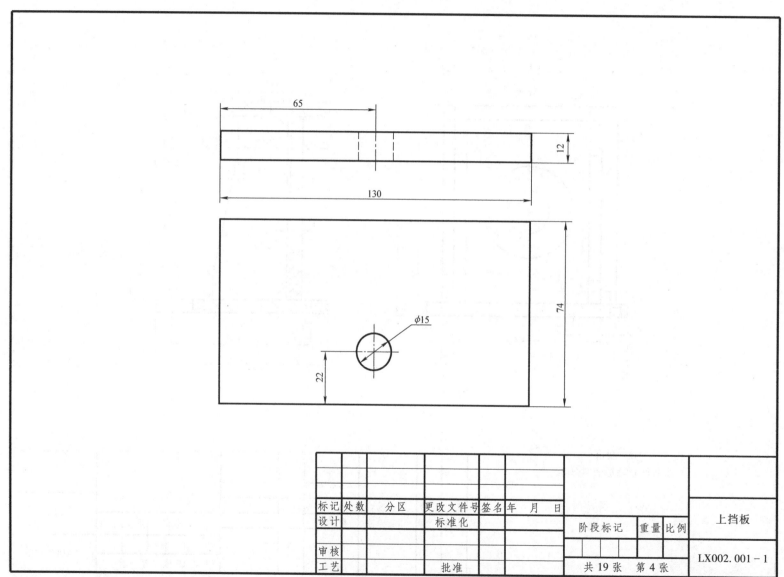

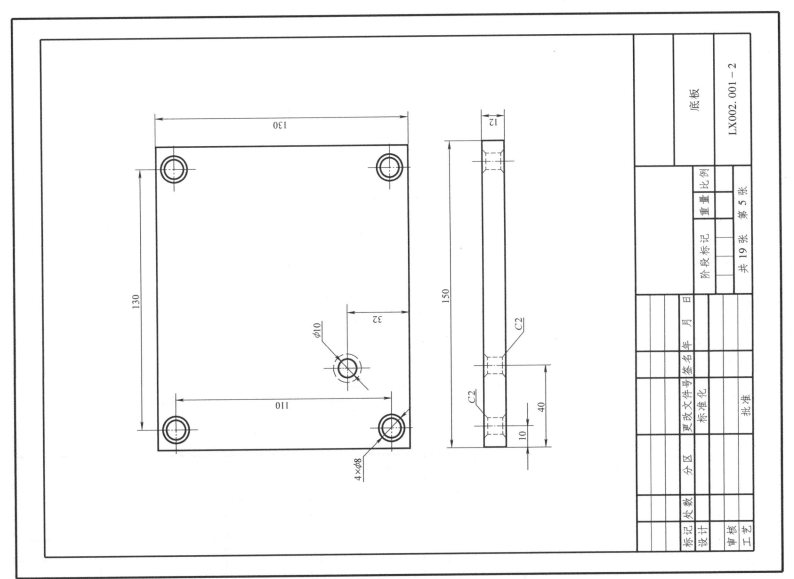

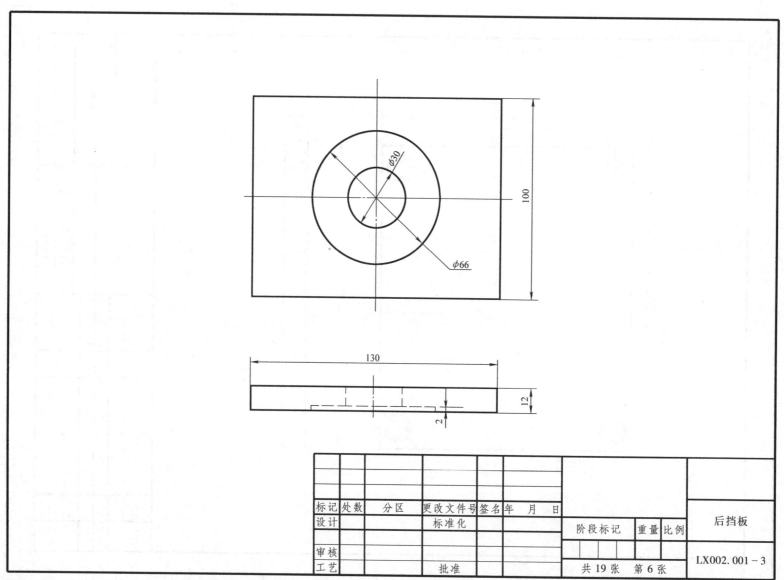

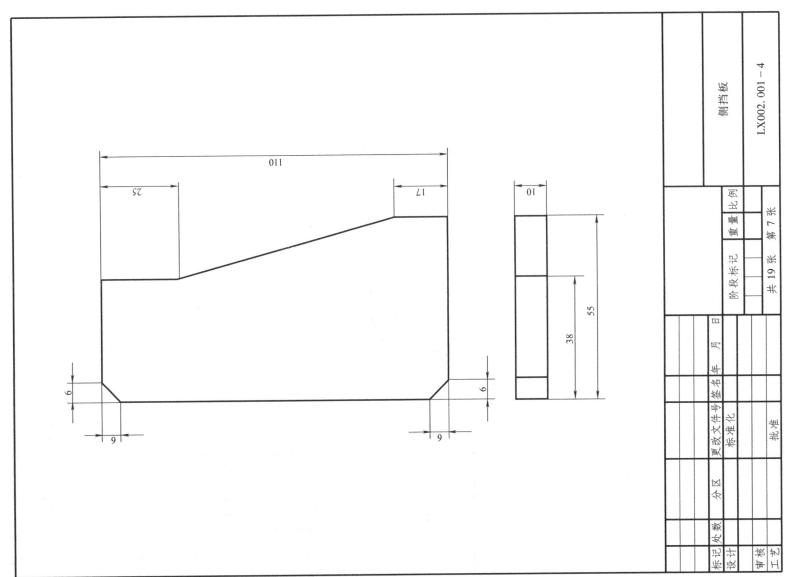

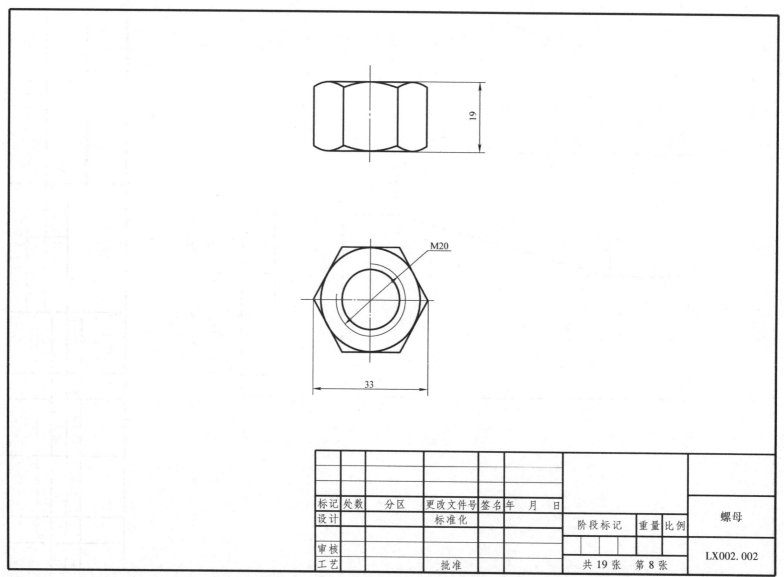

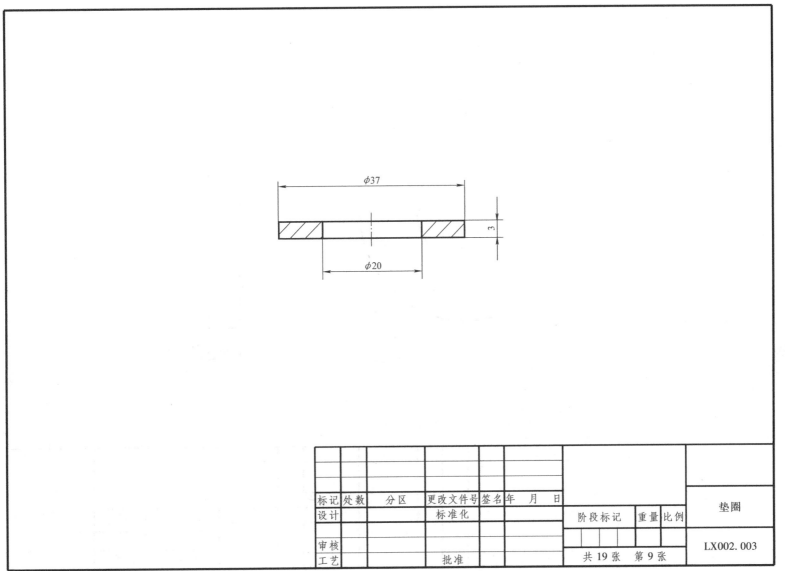

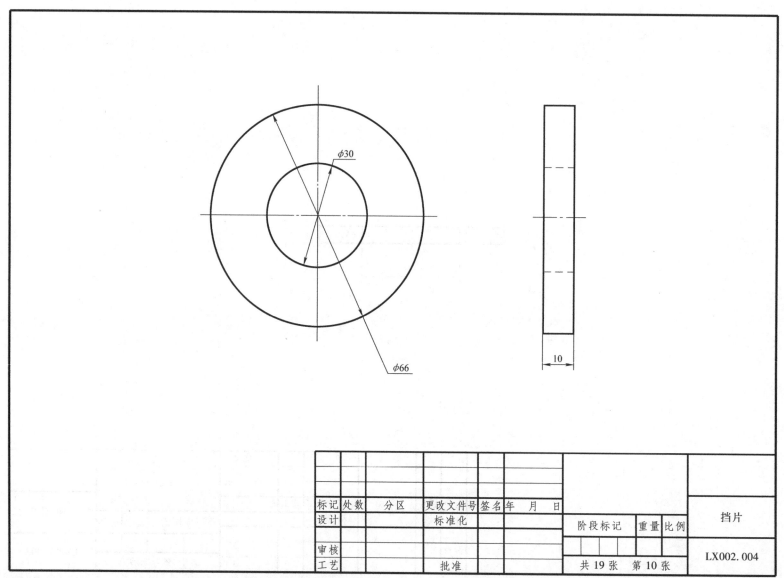

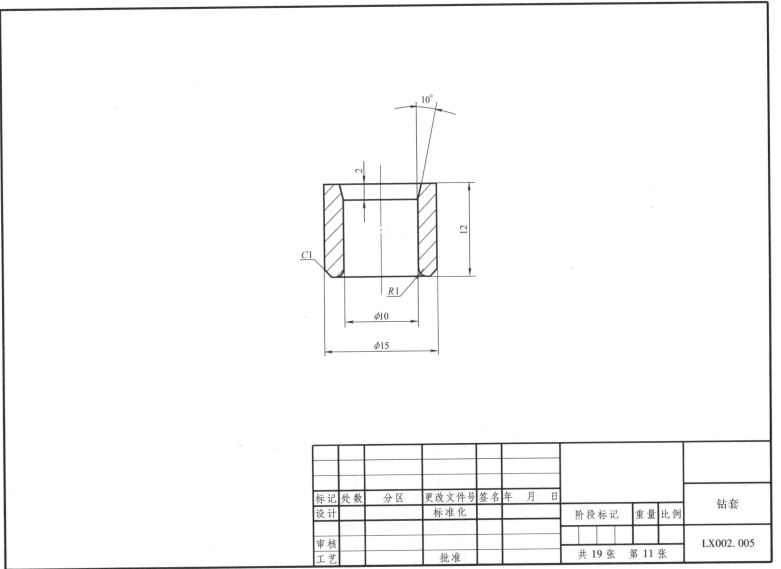

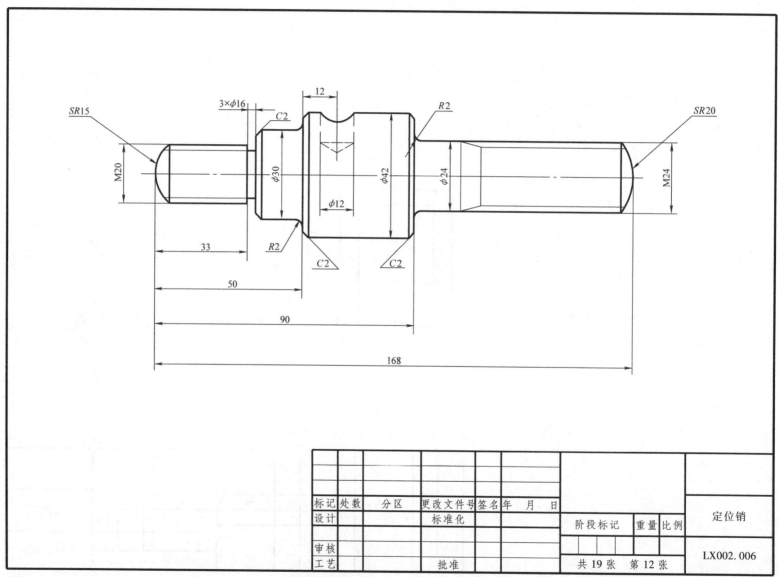

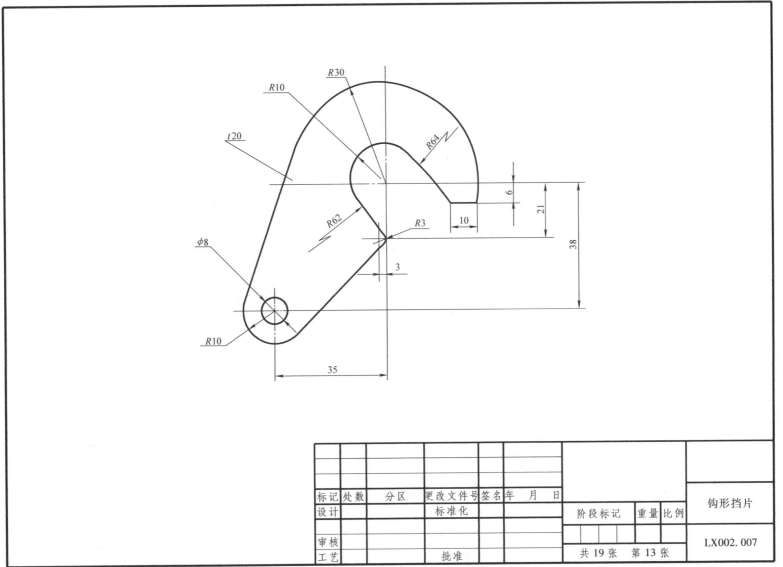

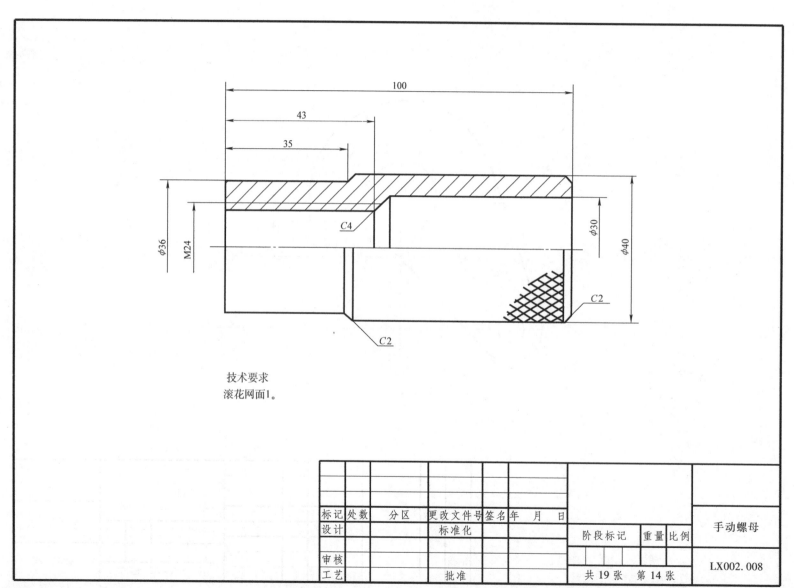

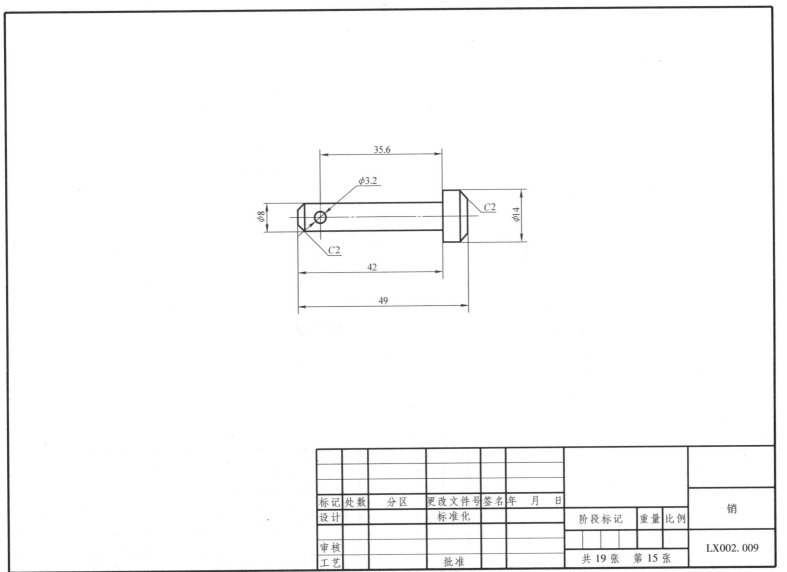

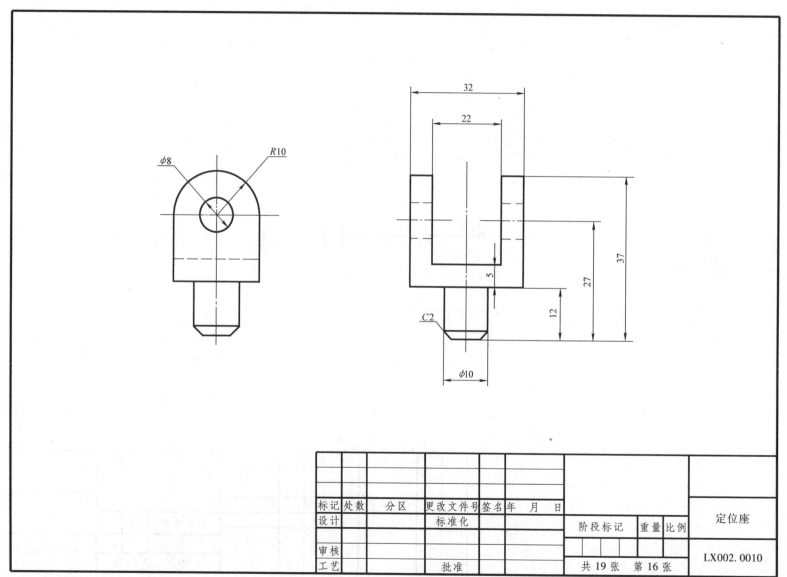

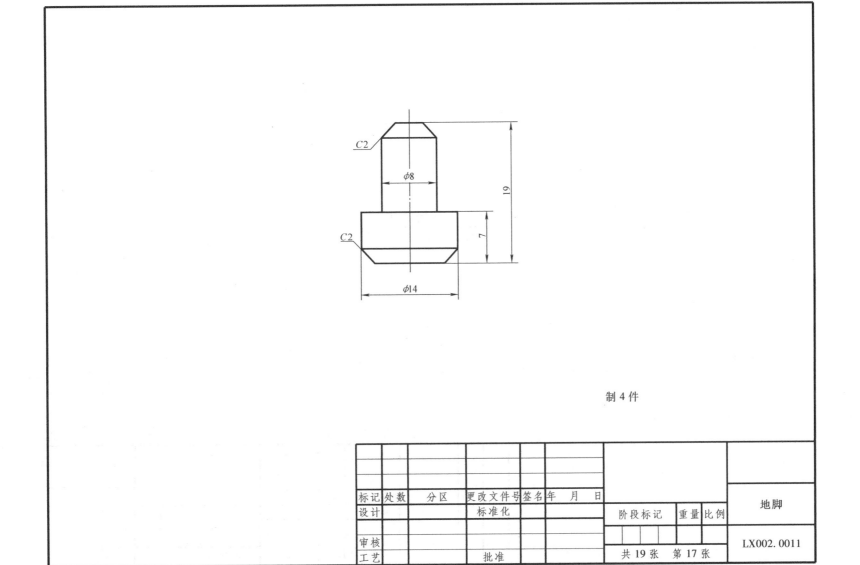

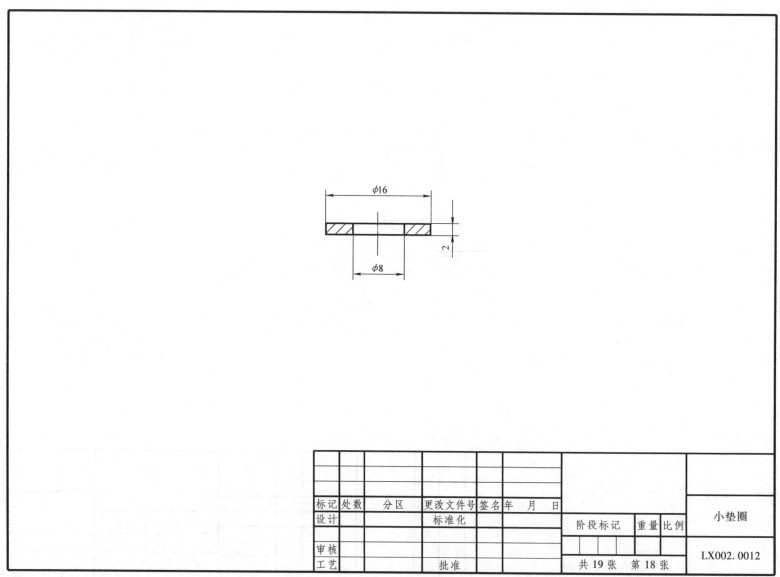

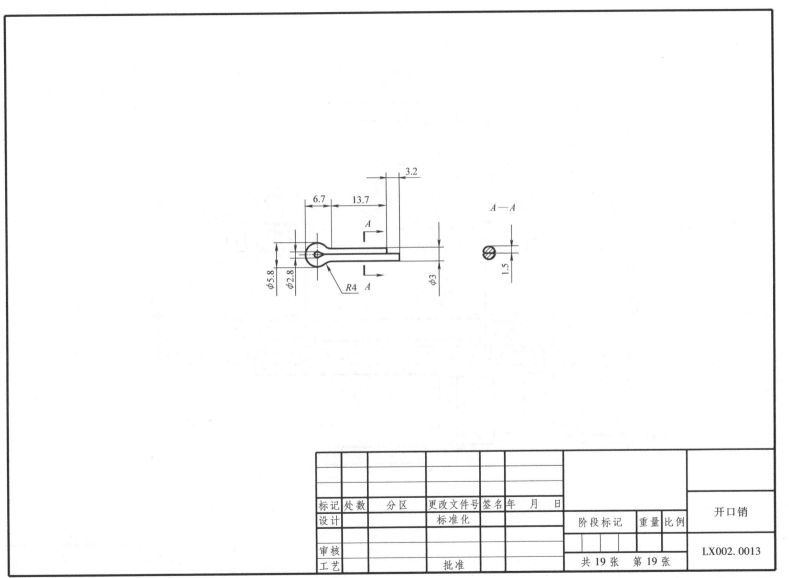

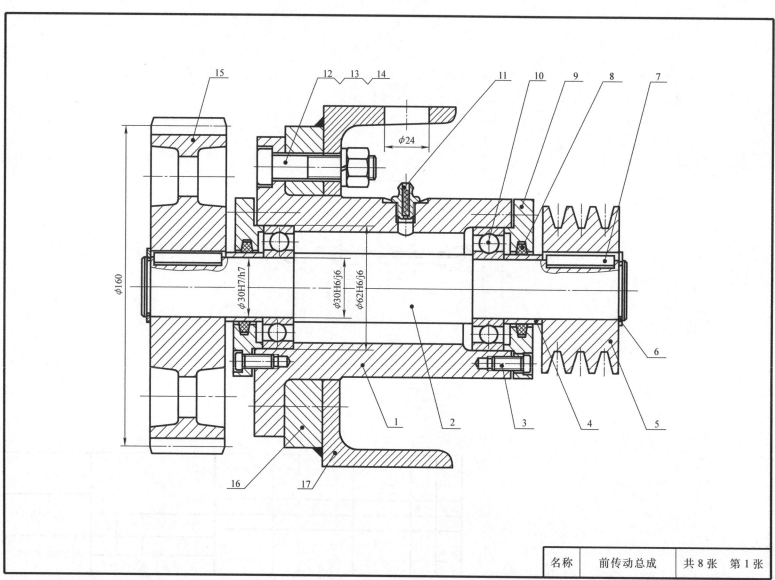

| 名称 | 前传动总成 | 共8张 第1张 |

序号	代号	名称	数量	材料	备注
1	LX003.001	壳体	1	45 钢	
2	LX003.002	轴	1	17CrNiMo6	
3	GB/T 70.1—2008	螺钉 M6×16	8		改制
4	LX003.003	衬套	2	20 钢	
5	LX003.004	带轮	1	ZG340—640	
6	GB/T 894—2017	A型轴用弹性挡圈	2	65Mn	
7	GB/T 1096—2003	普通平键 A型	2	45 钢	
8		毛毡密封	2	工业耐油毛毡	
9		压盖	2	35 钢	
10	GB/T 276—2013	深沟球轴承	2		轻窄系列
11	GB/T 1156—2011	旋套式注油油杯	1		
12	GB/T 41—2016	六角螺母 C级 M12	4		
13	GB/T 70.1—2008	螺钉 M12×55	4		
14	GB 93—1987	标准型弹簧垫圈 C12	4		
15	LX003.006	齿轮	1	35Mn	改制
16		衬板	1	Q235	无图
17	GB/T 706—2016	槽钢 18 L100	1		改制

装配件　前传动总成　LX003.000

阶段标记　重量比例

共 8 张　第 2 张

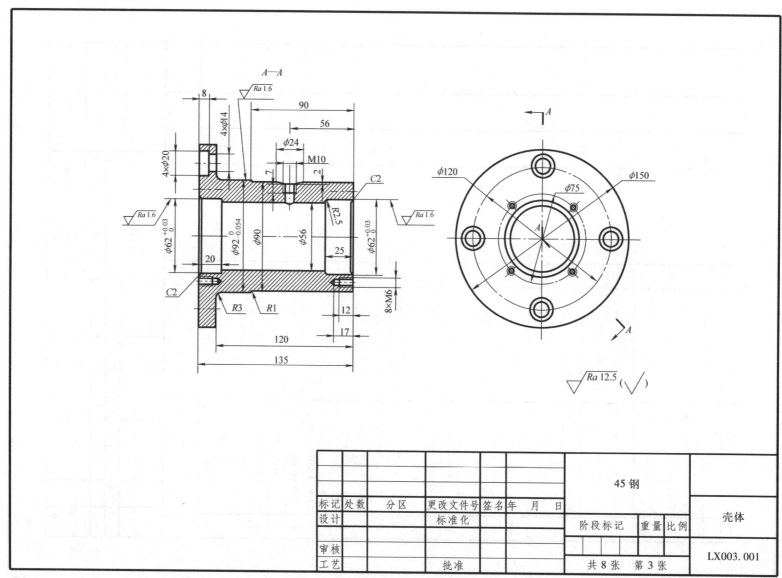

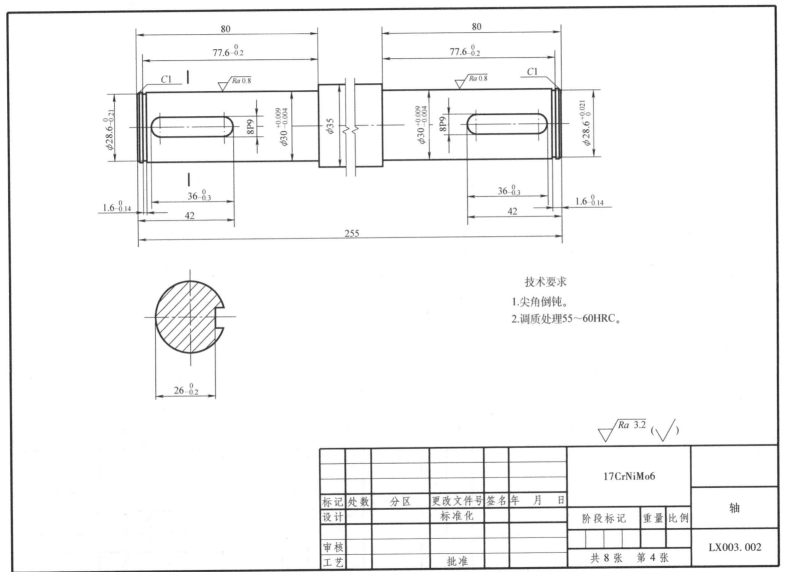

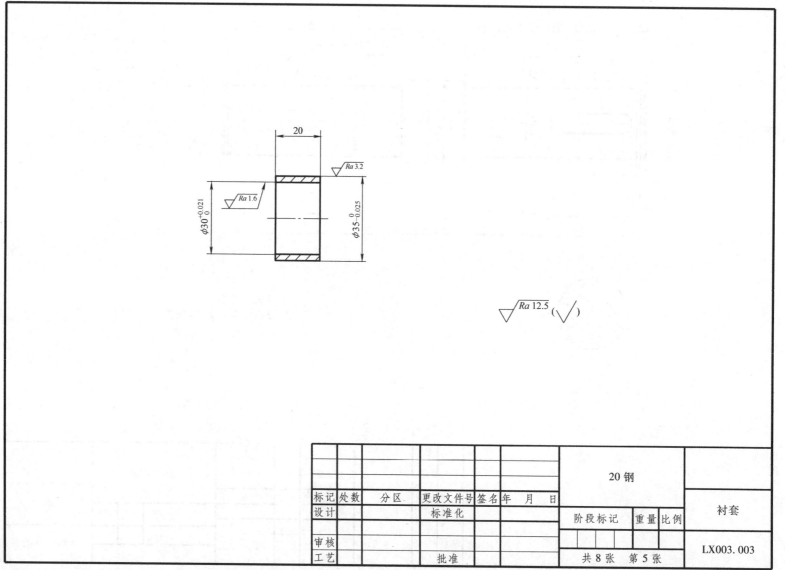

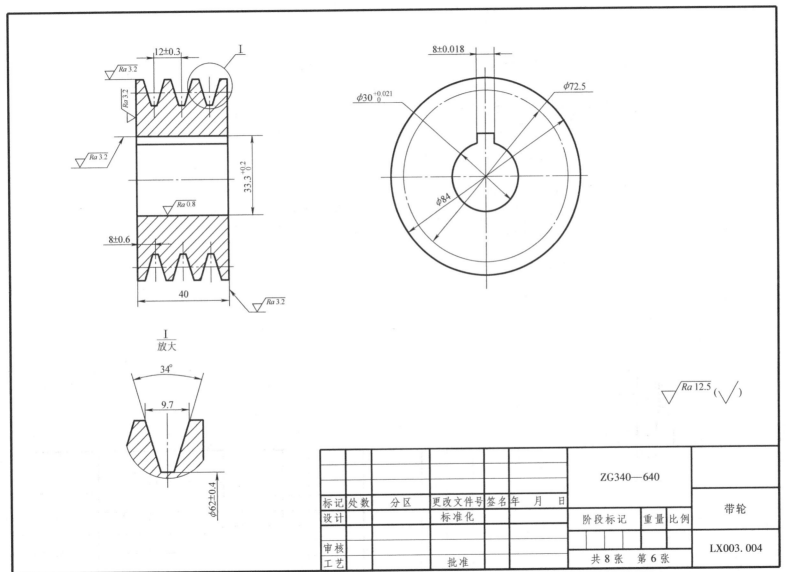

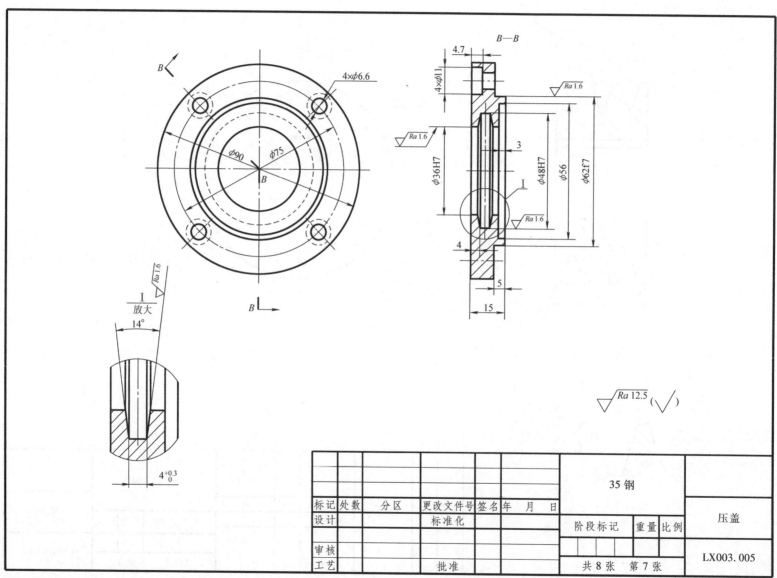

模数	m	4
齿数	z	40

						35Mn		齿轮
标记	处数	分区	更改文件号	签名	年 月 日	阶段标记	重量 比例	
设计			标准化					
审核								LX003.006
工艺			批准			共 8 张 第 8 张		

第三部分 三维部分

一、实体造型

1. 基本特征

(1)

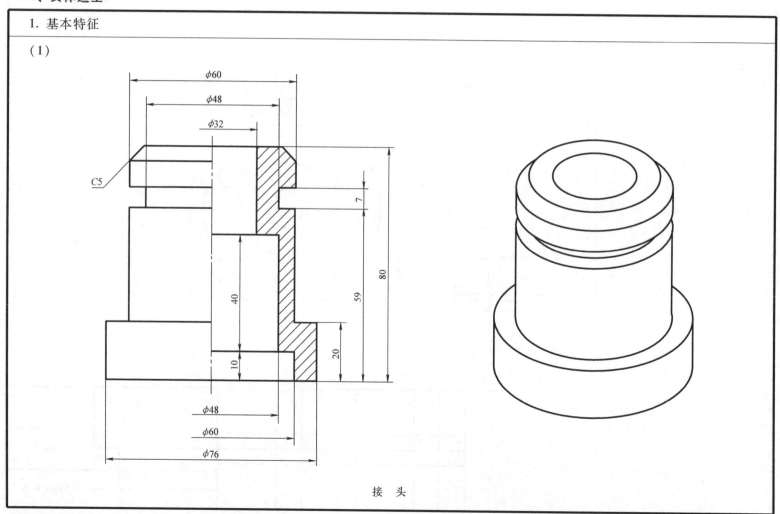

接 头

(2)

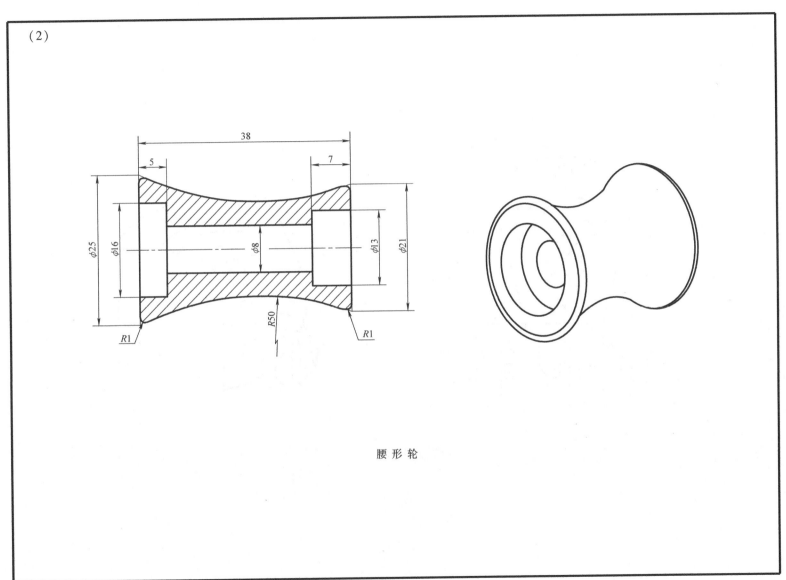

腰形轮

(3)

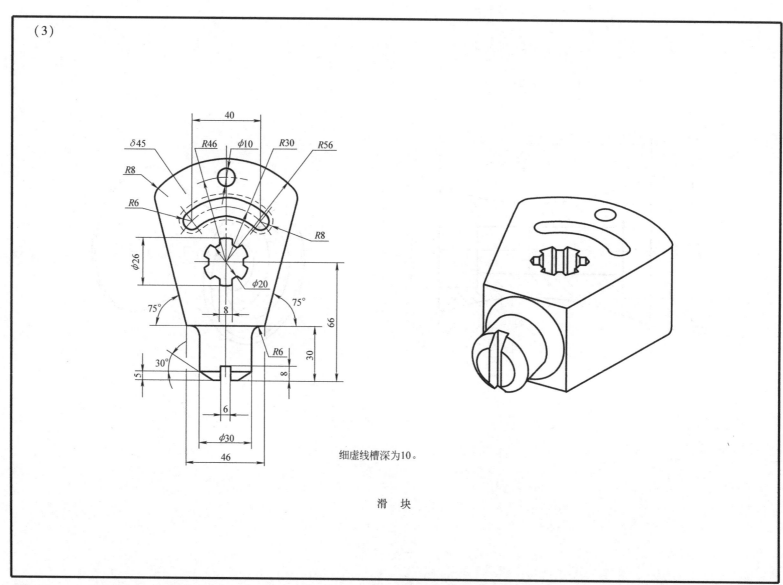

细虚线槽深为10。

滑　块

(4)

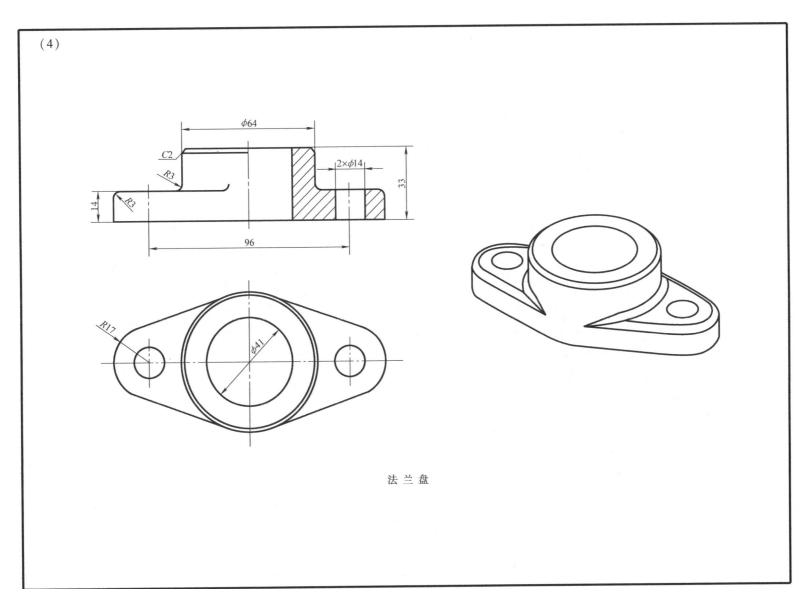

法 兰 盘

(5)

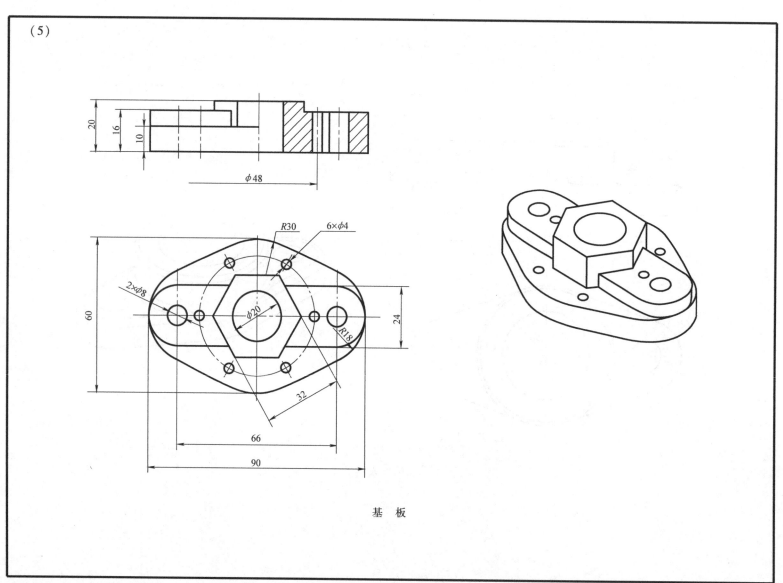

基 板

(6)

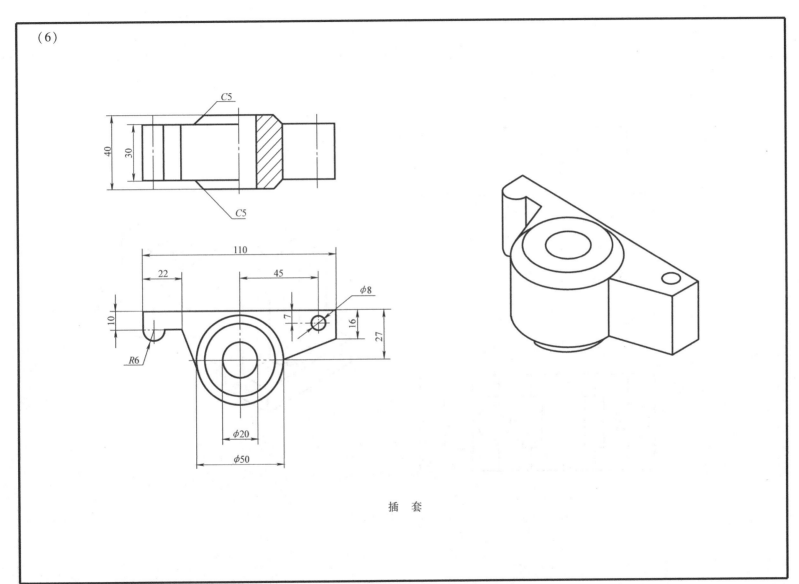

插 套

(7)

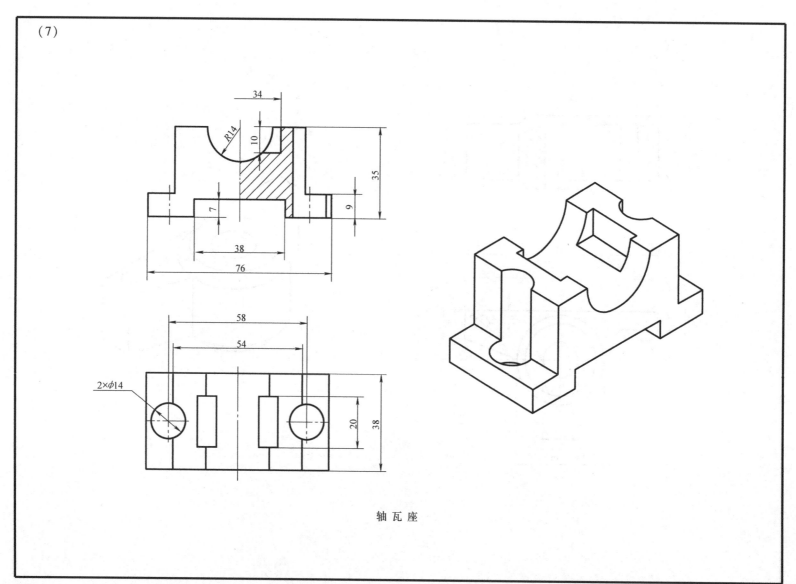

轴 瓦 座

(8)

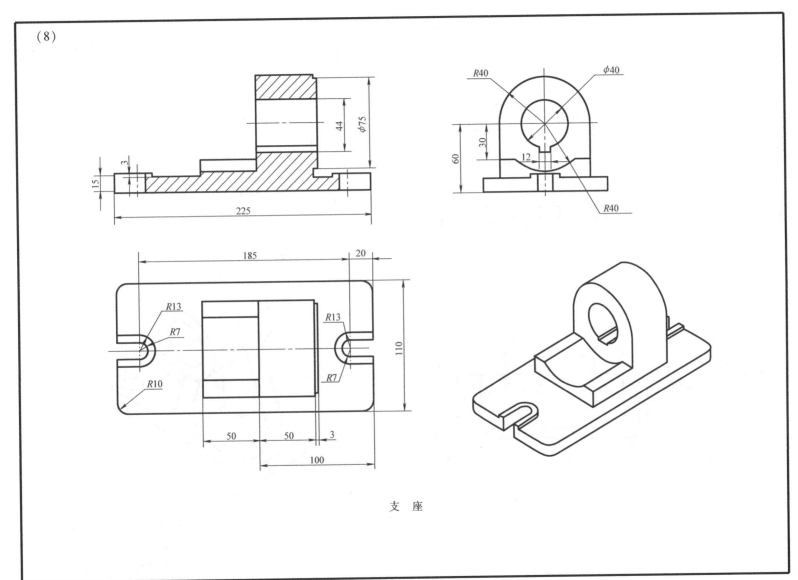

支 座

(9)

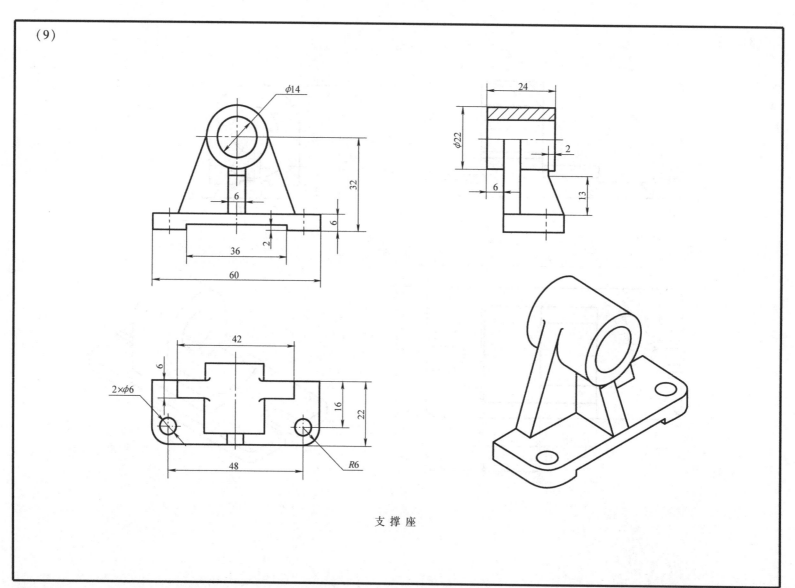

支 撑 座

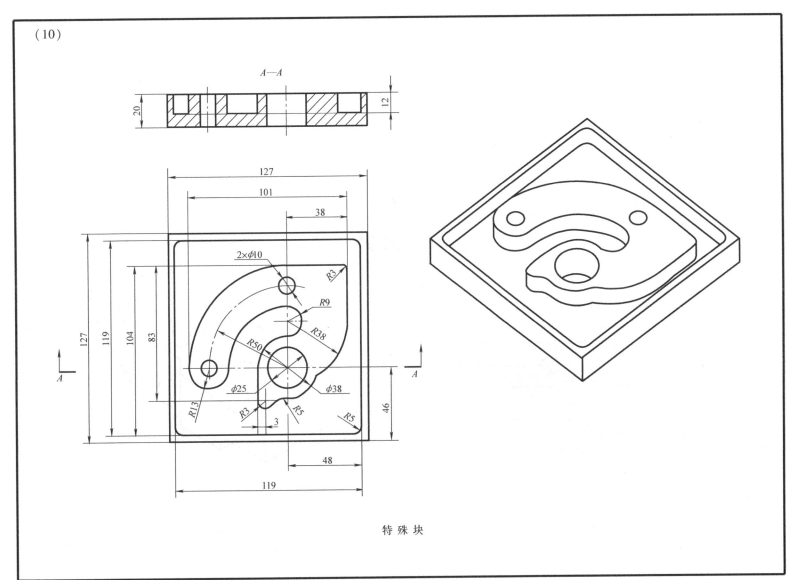

特 殊 块

(11)

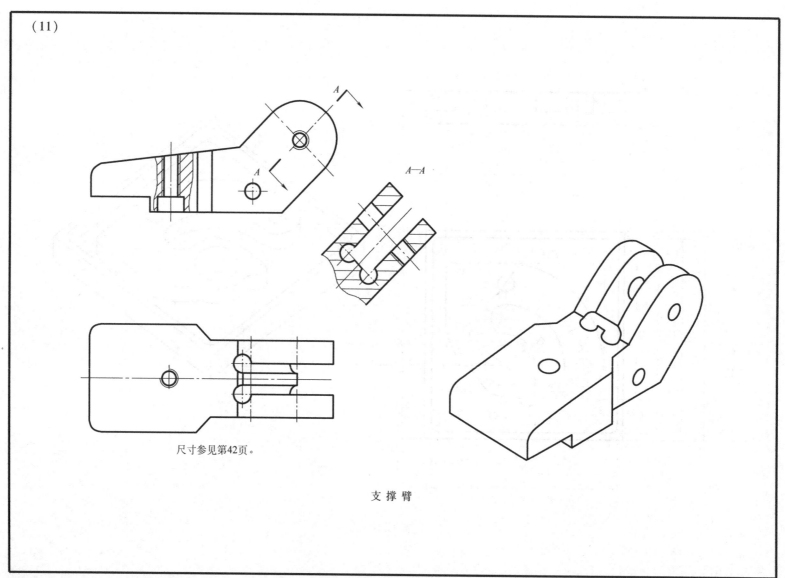

尺寸参见第42页。

支 撑 臂

2. 阵列与镜像

（1）

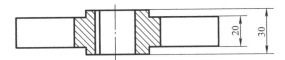

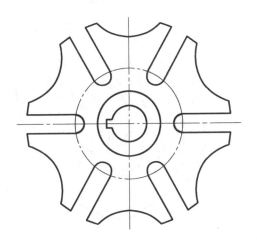

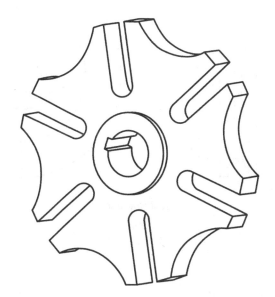

尺寸参见第24页。

凸　轮

（2）

尺寸参见第36页。

V 带 轮

(3)

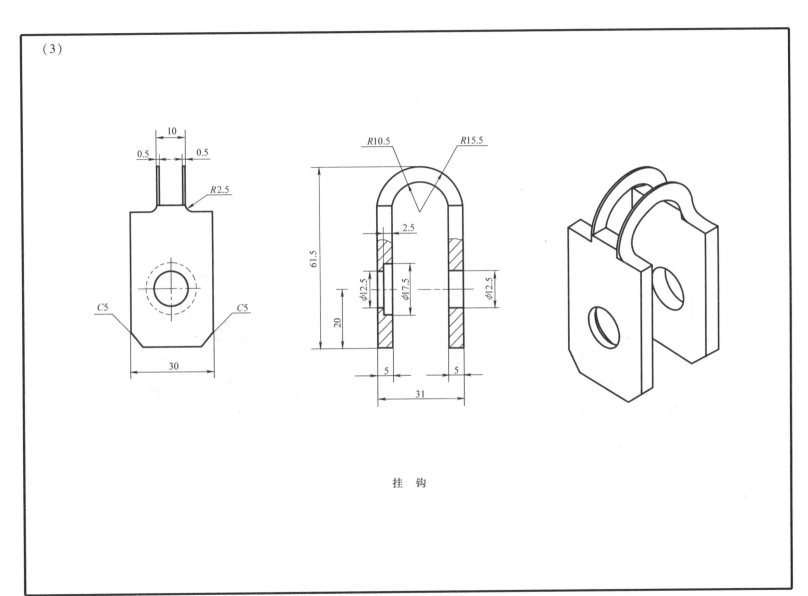

挂　钩

(4)

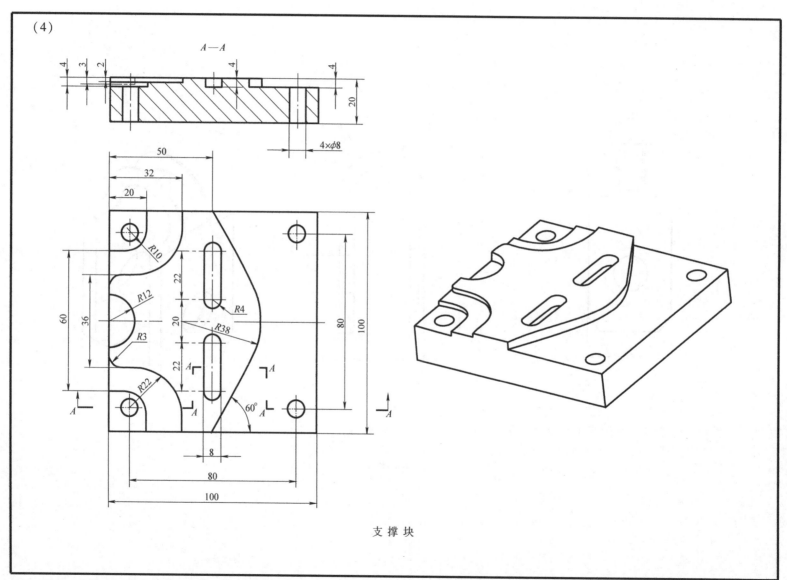

支 撑 块

(5)

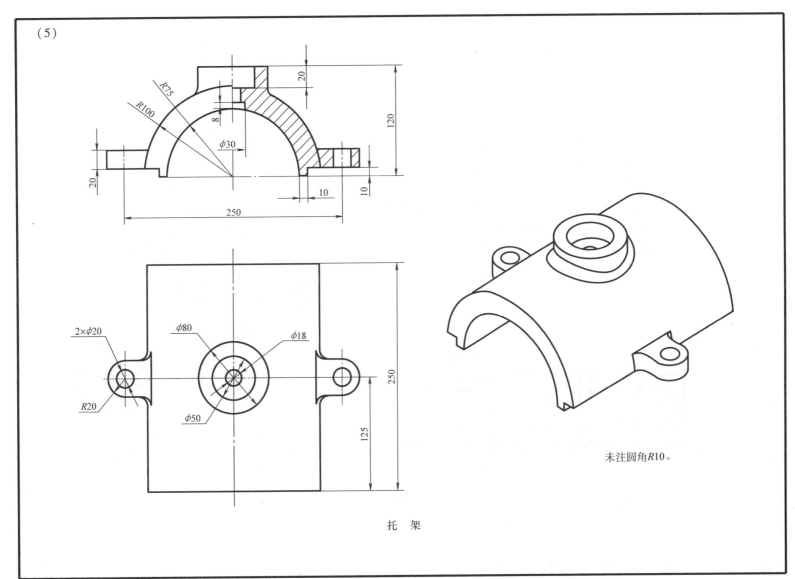

未注圆角R10。

托 架

(6)

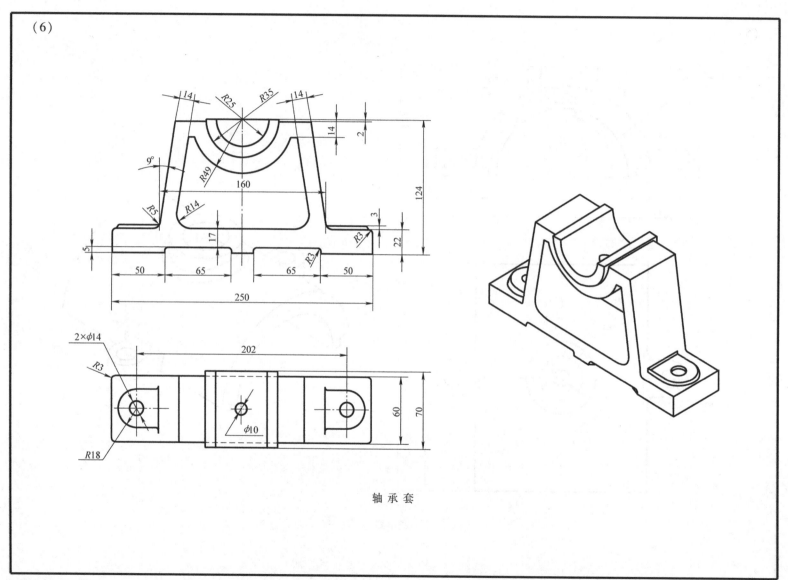

轴承套

(7)

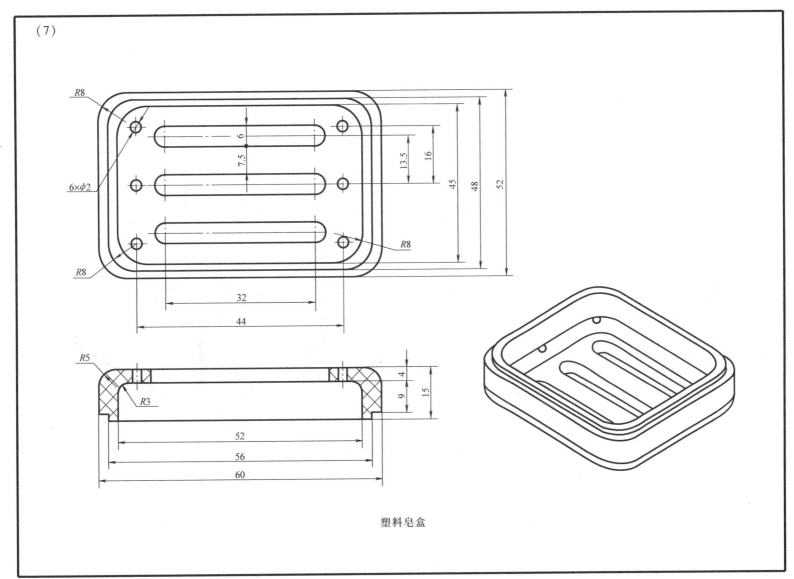

塑料皂盒

3. 钣金与旋转

（1）

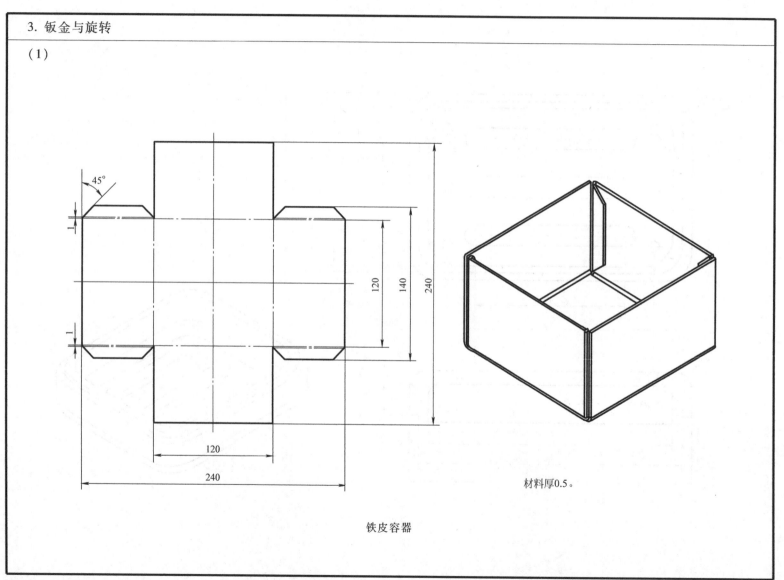

材料厚0.5。

铁皮容器

（2）

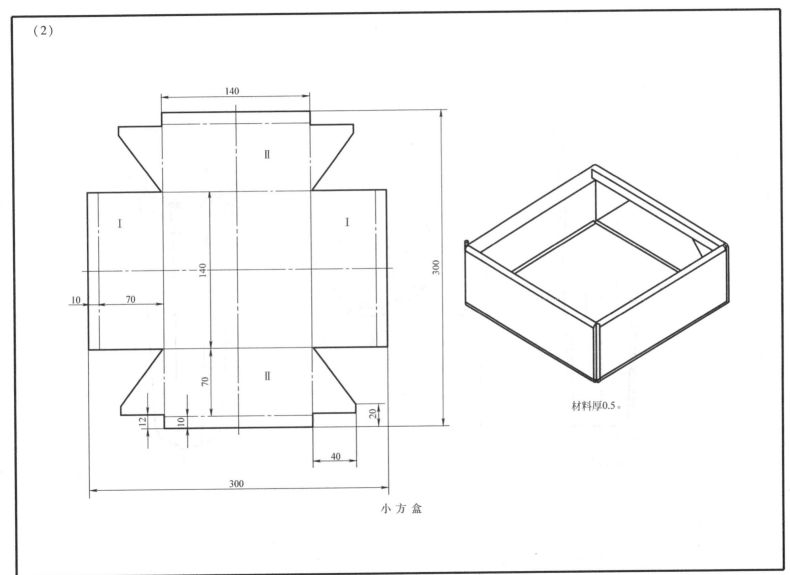

小方盒

材料厚0.5。

(3)

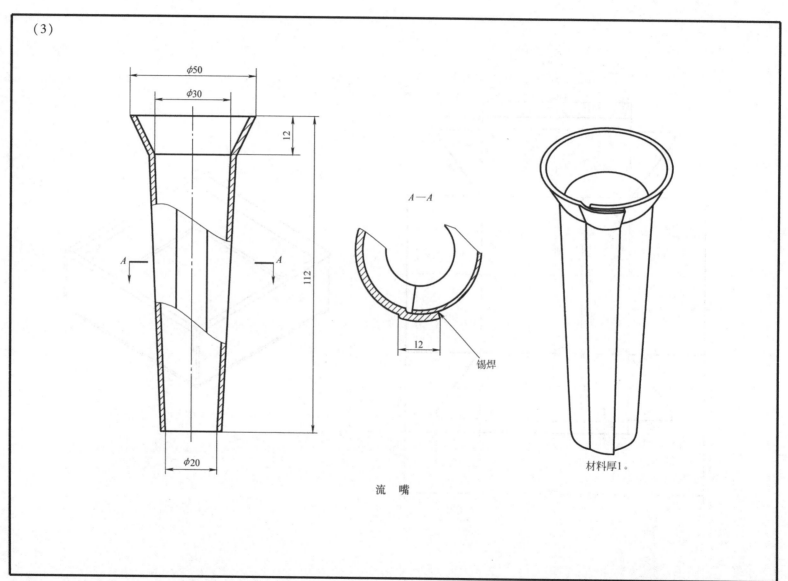

流　嘴

(4)

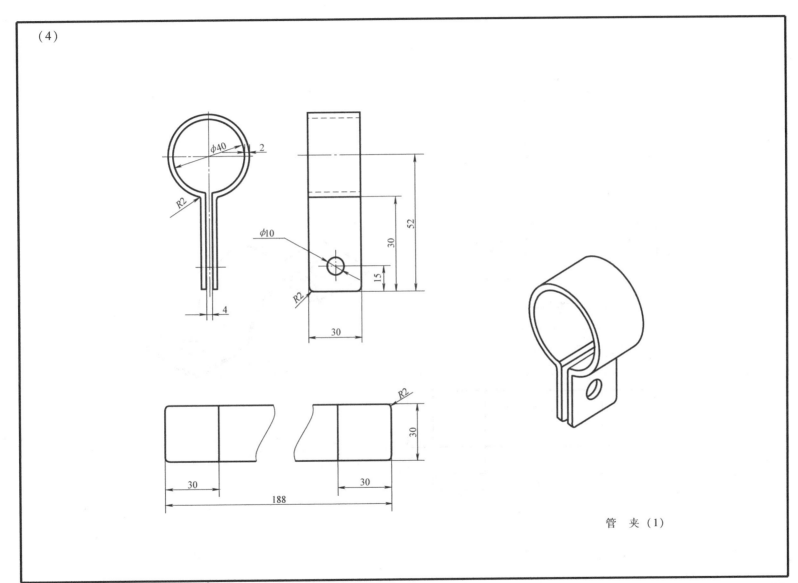

管 夹（1）

(5)

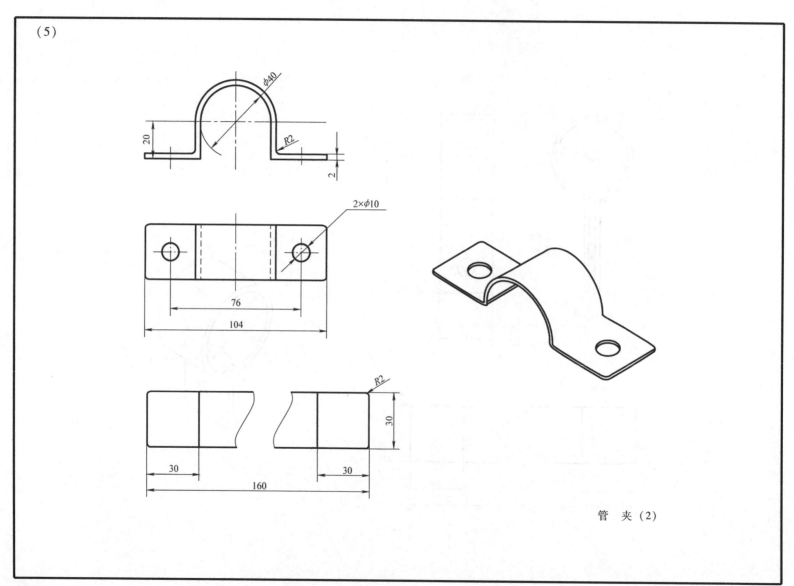

管 夹（2）

(6)

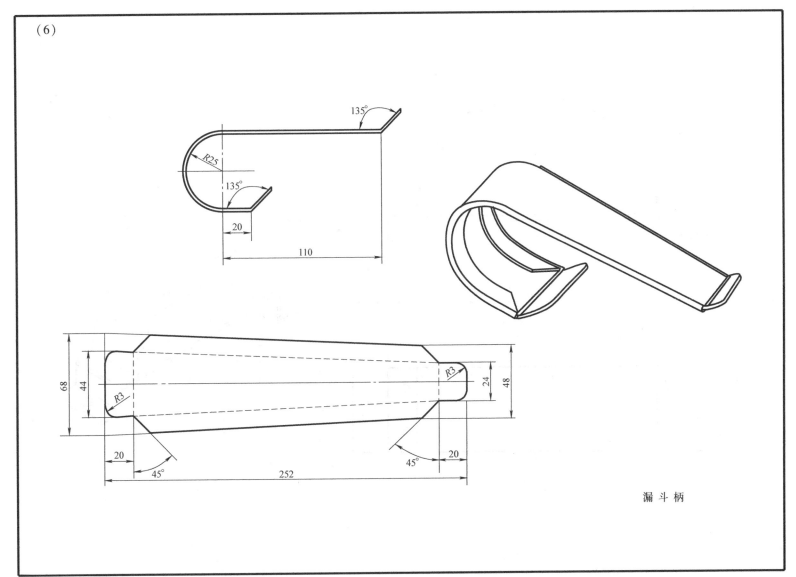

漏斗柄

(7)

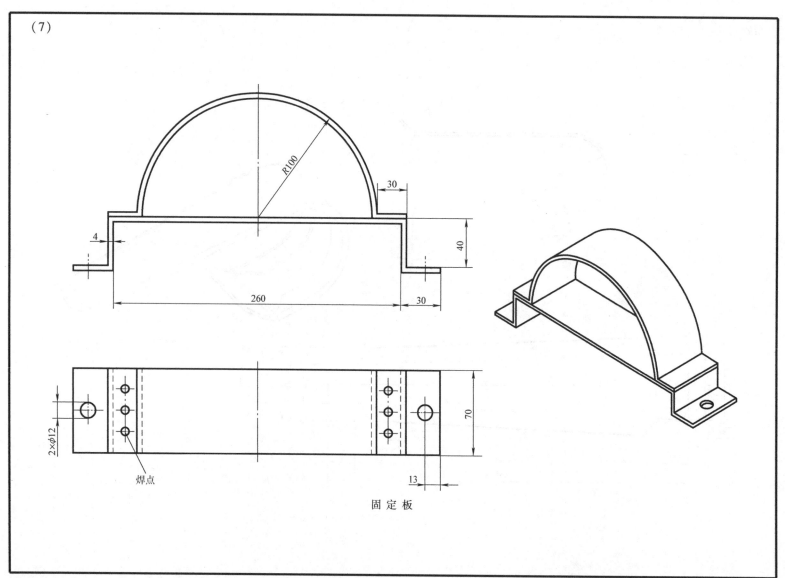

焊点

固 定 板

(8)

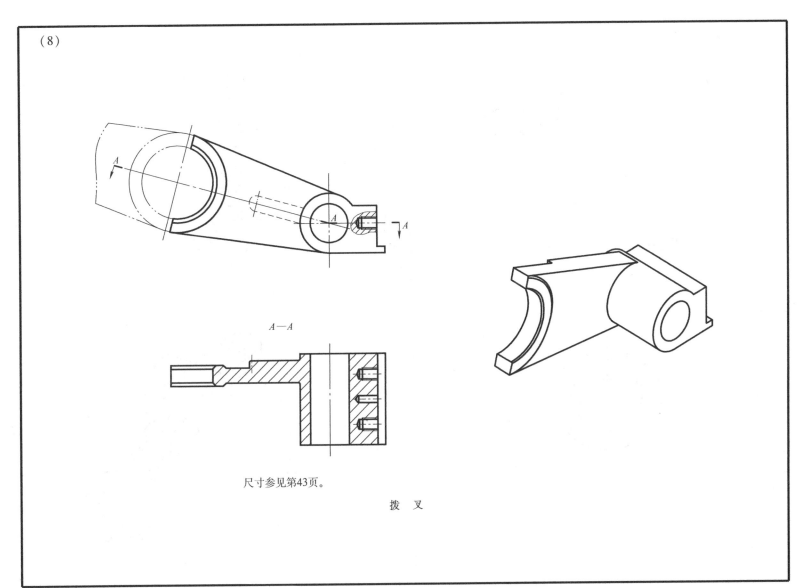

$A—A$

尺寸参见第43页。

拨 叉

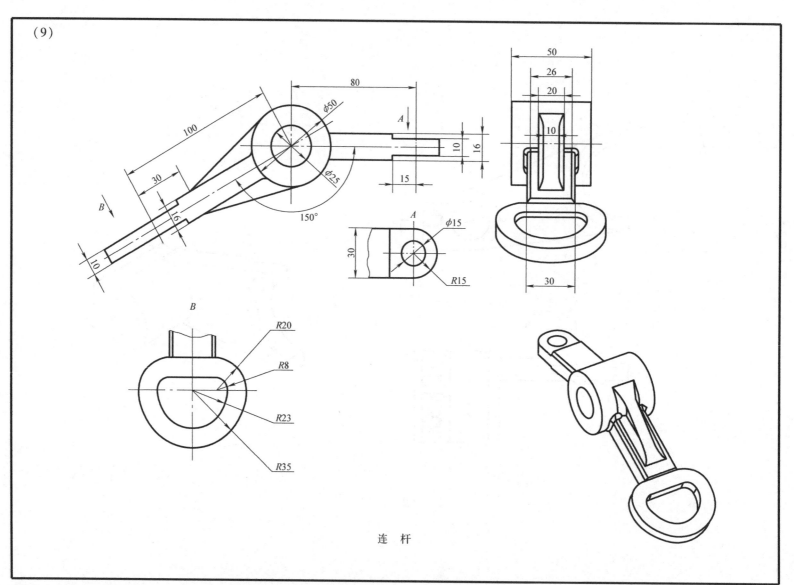

连 杆

4. 扫描与放样

（1）

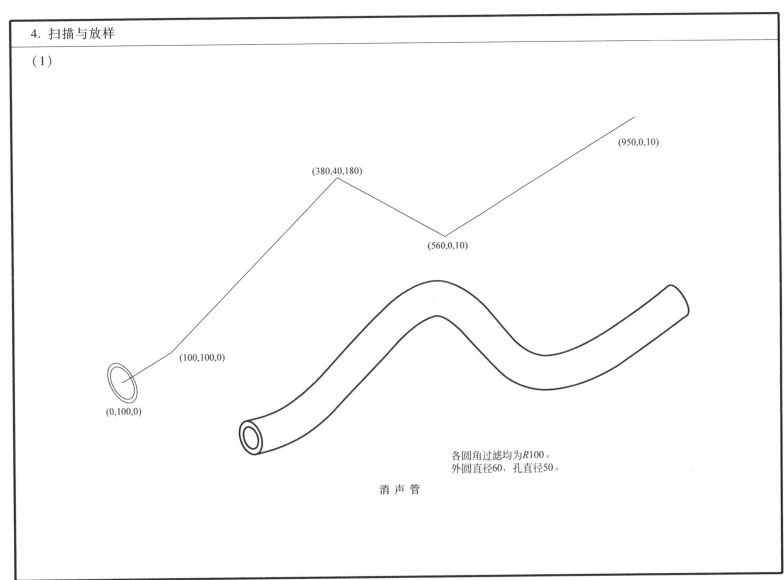

各圆角过滤均为R100。
外圆直径60，孔直径50。

消声管

(2)

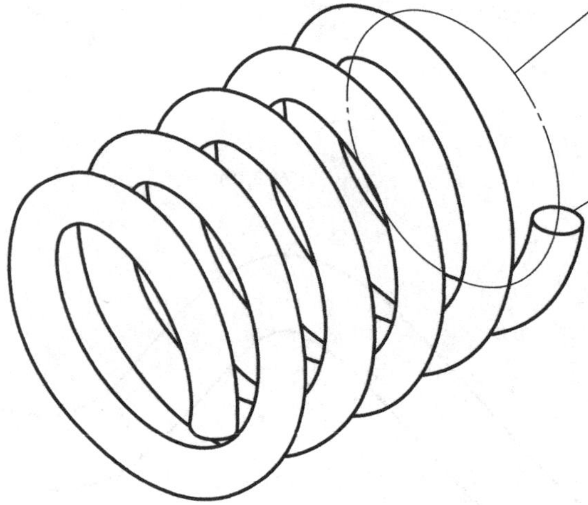

弹簧中径

扫描轮廓

扫描螺旋曲线及各尺寸自定

弹　簧

（3）

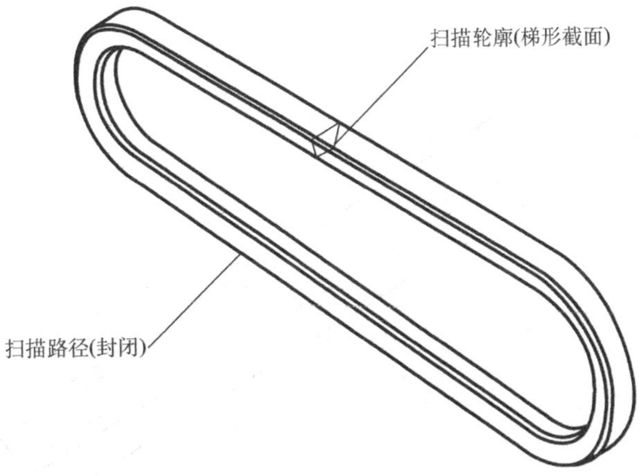

扫描轮廓(梯形截面)

扫描路径(封闭)

尺寸自定

V 带

(4)

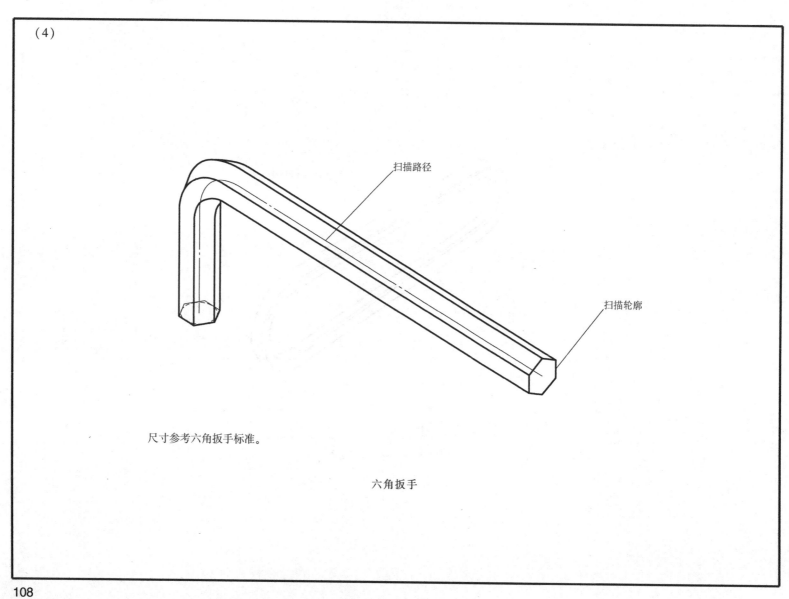

尺寸参考六角扳手标准。

六角扳手

(5)

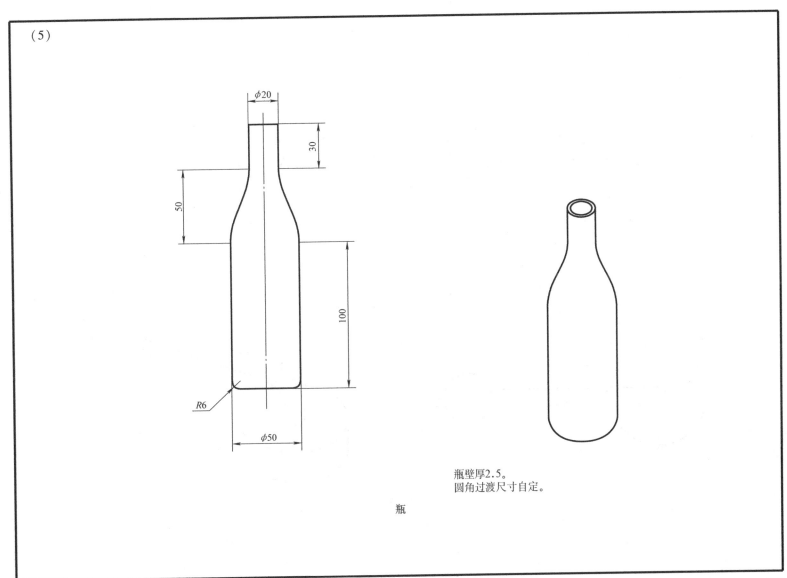

瓶壁厚2.5。
圆角过渡尺寸自定。

瓶

(6)

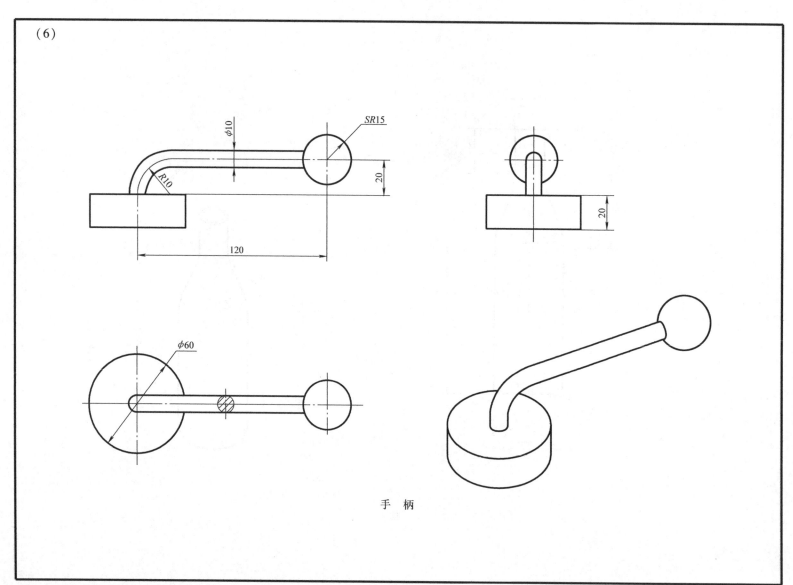

手 柄

(7)

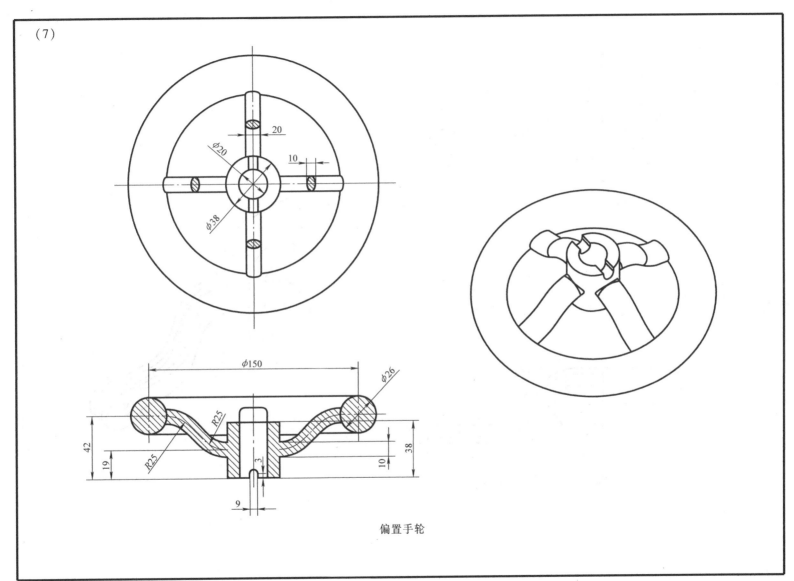

偏置手轮

(8)

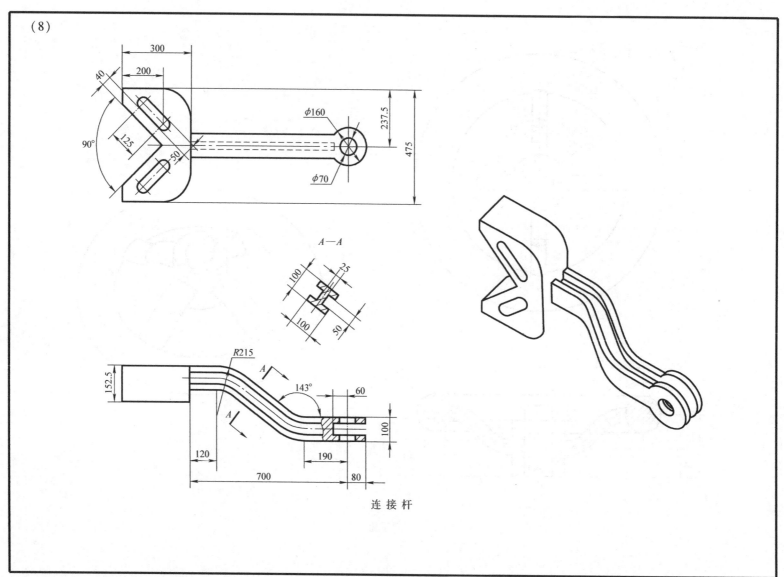

连 接 杆

5. 综合实例

（1）

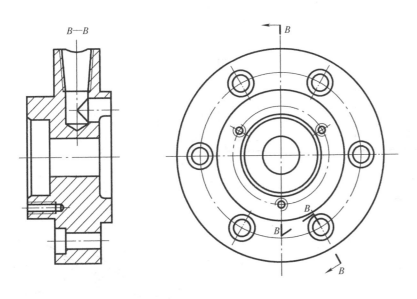
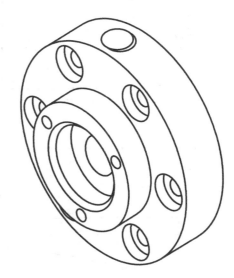

尺寸参见第41页。

端　盖

(2)

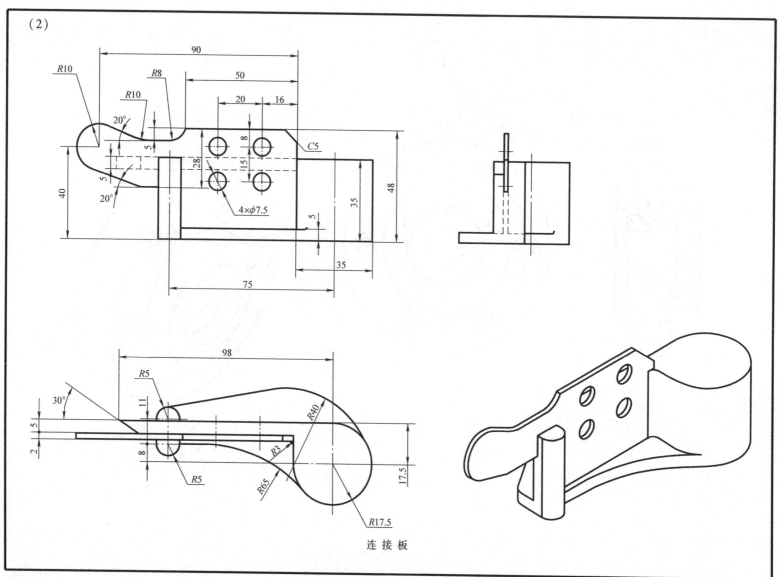

连 接 板

(3)

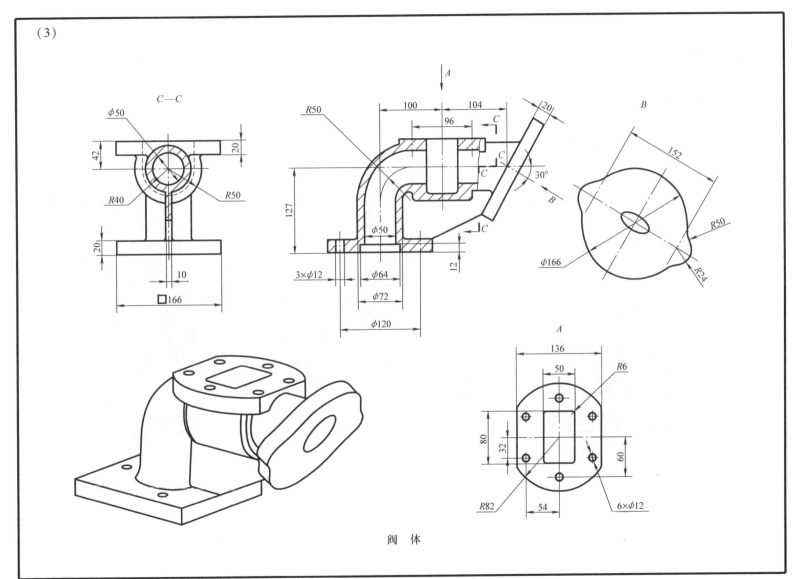

阀 体

(4)

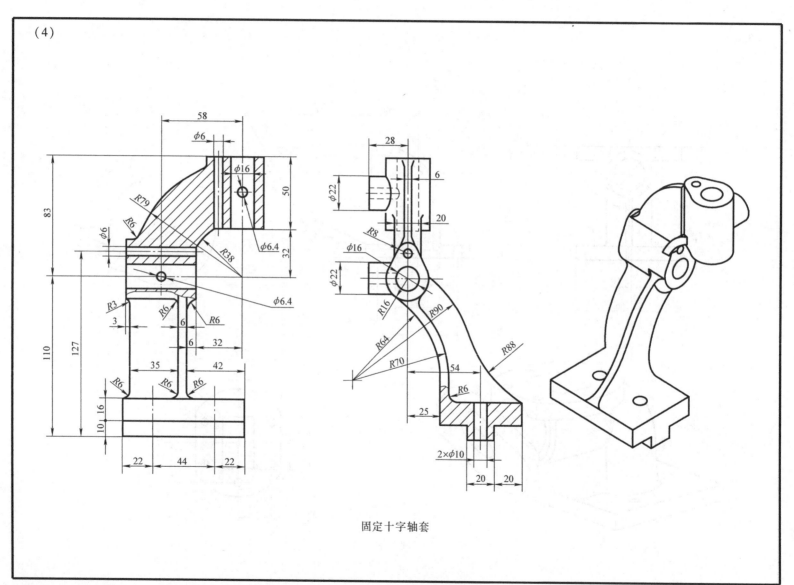

固定十字轴套

(5)

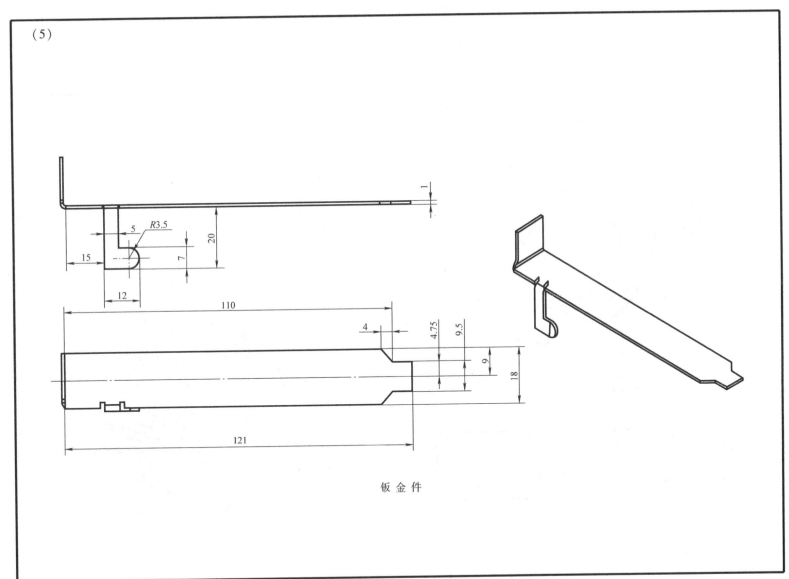

钣 金 件

(6)

模数 m	10
齿数 z	25
螺旋角 β	8°
压力角 α	20°

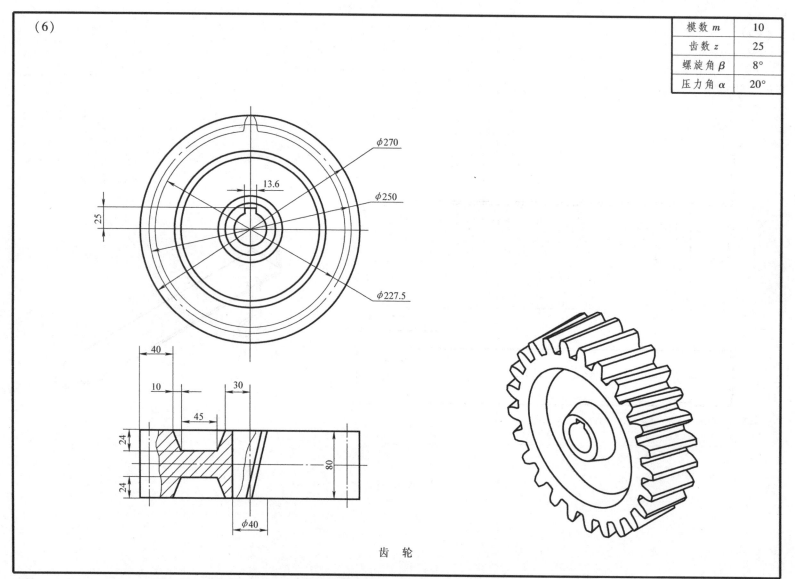

齿 轮

(7)

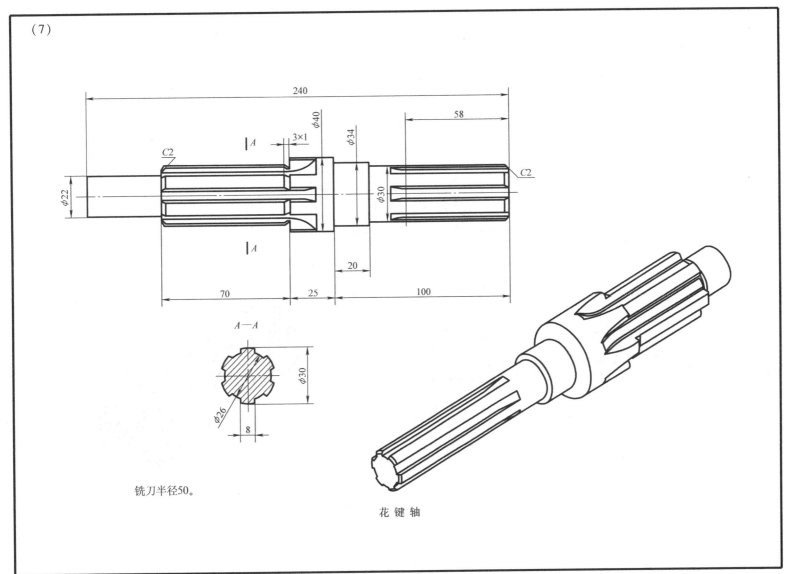

铣刀半径50。

花键轴

(8)

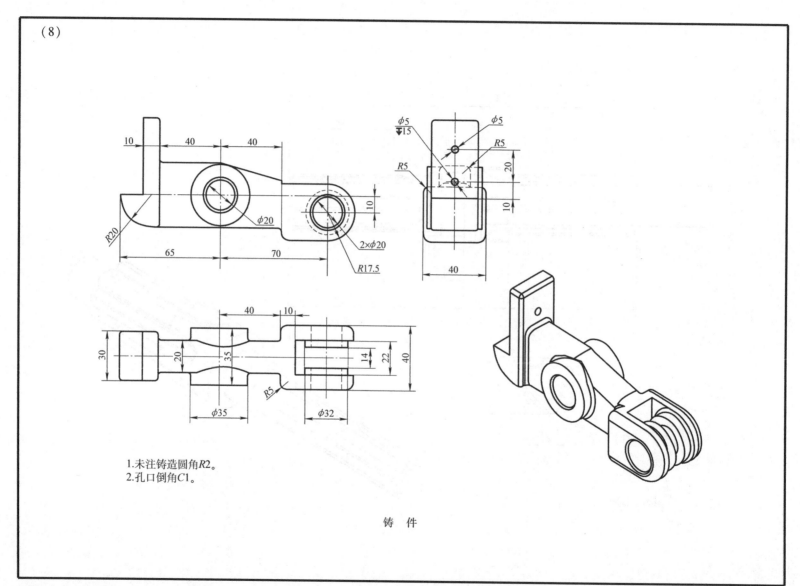

1. 未注铸造圆角R2。
2. 孔口倒角C1。

铸 件

二、三维标注

(1)

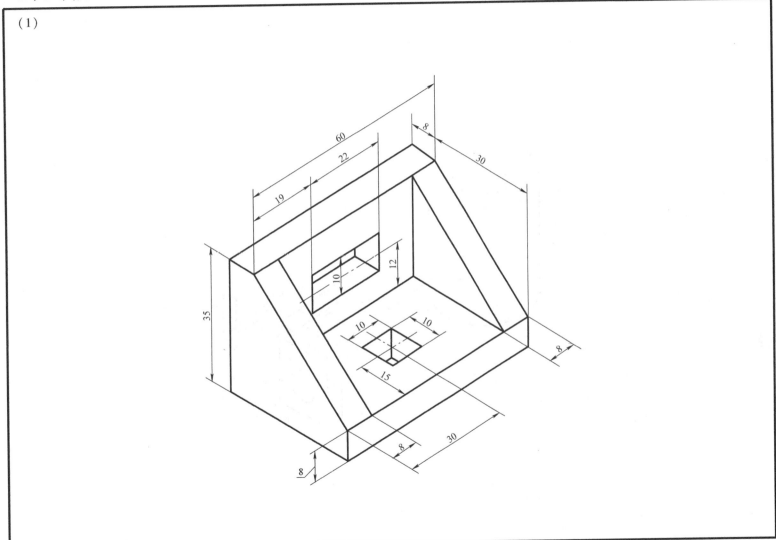

(2)

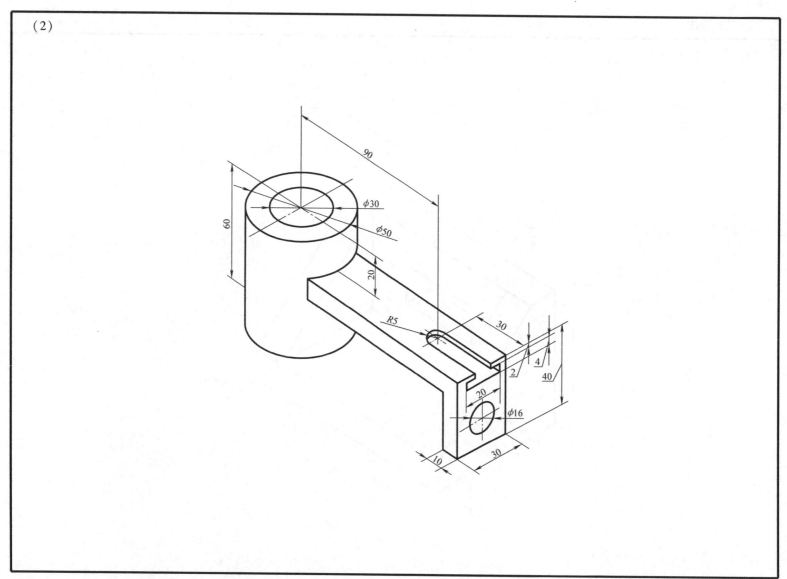

(3)

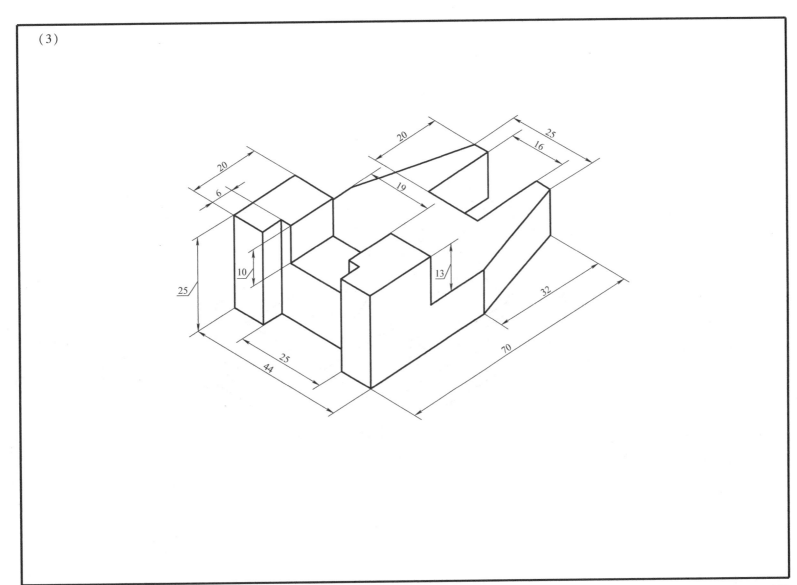

(4)

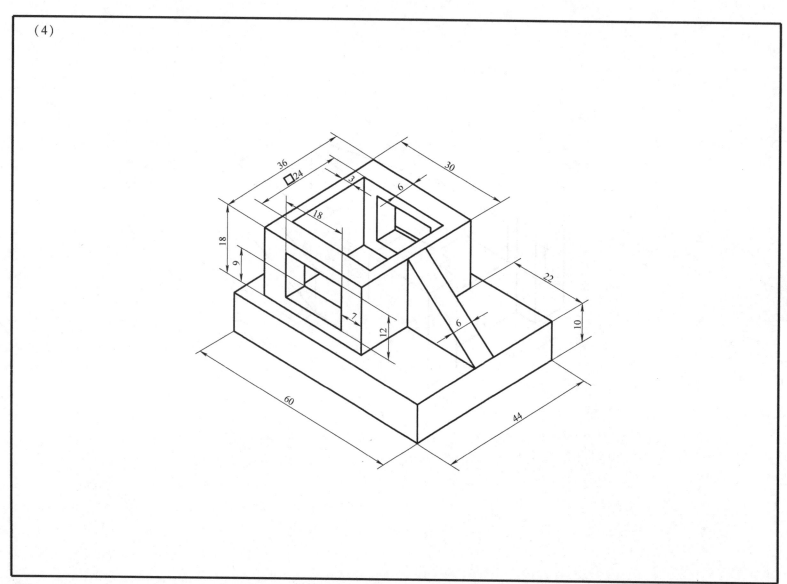

(5)

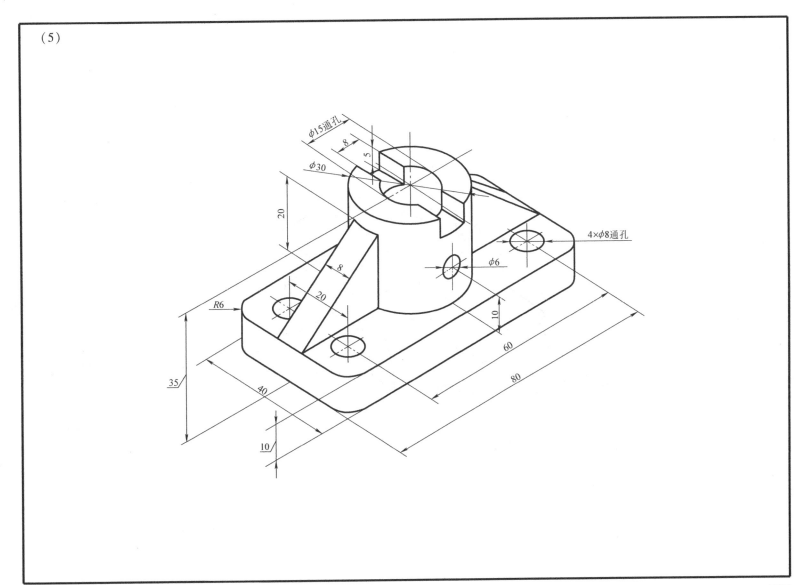

(6)

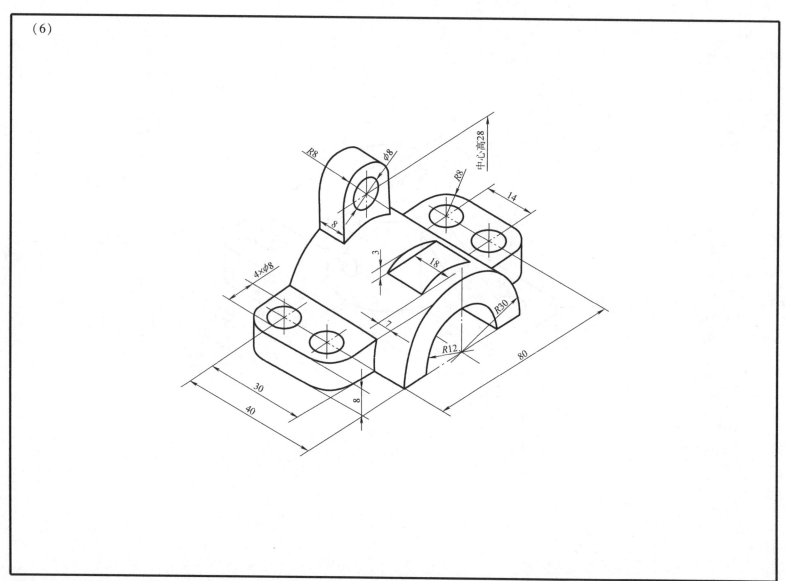

(7)

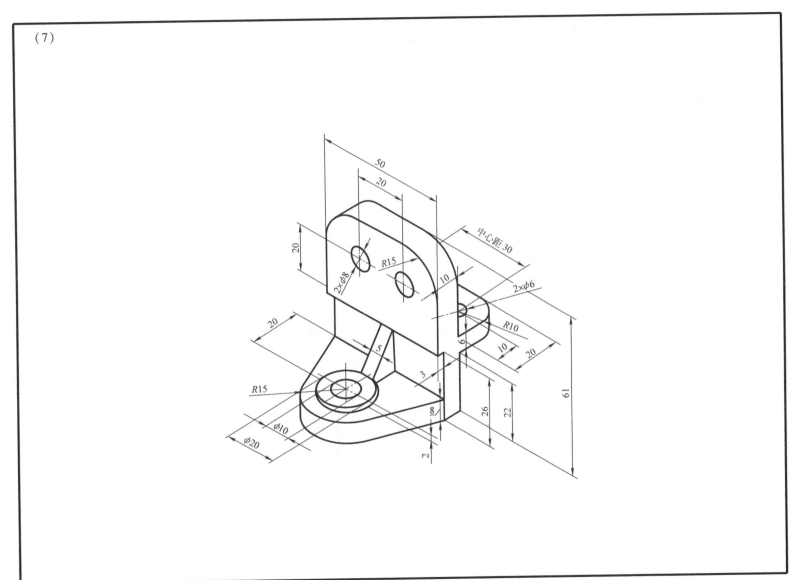

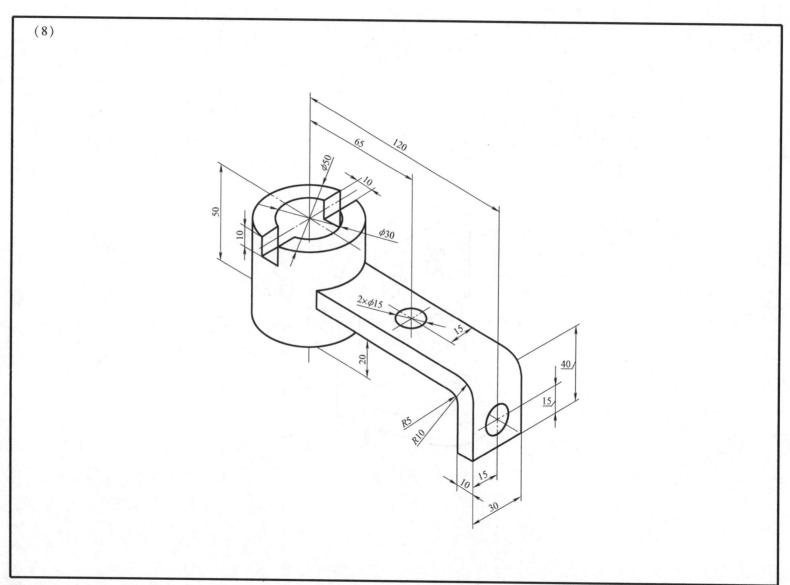

(9)

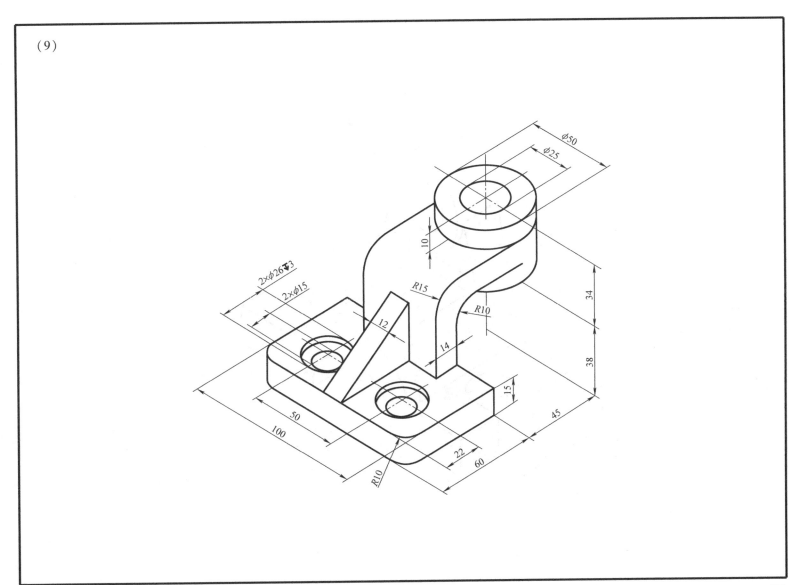

(10)

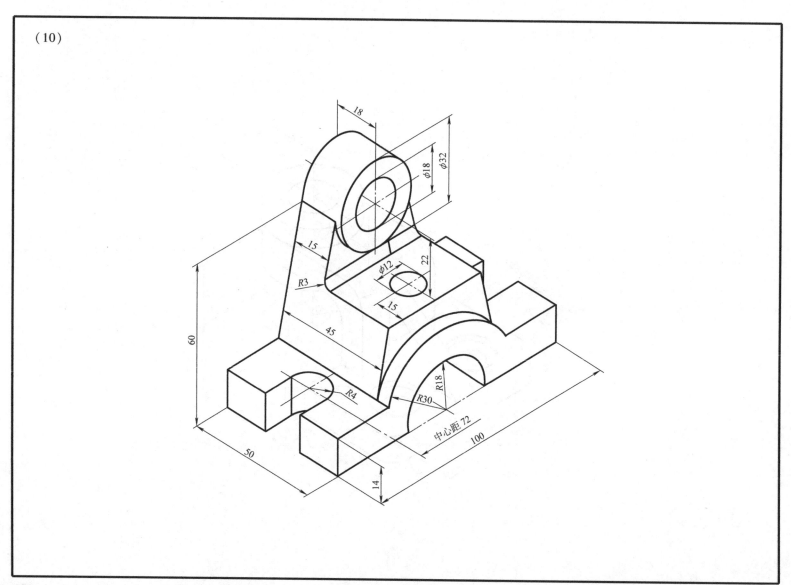

(11)

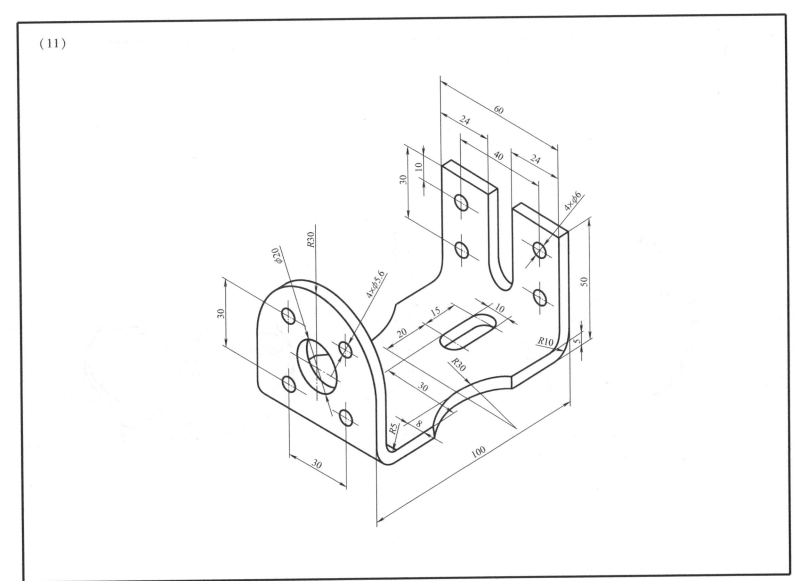

三、实体装配

1. 联轴部件

(1)

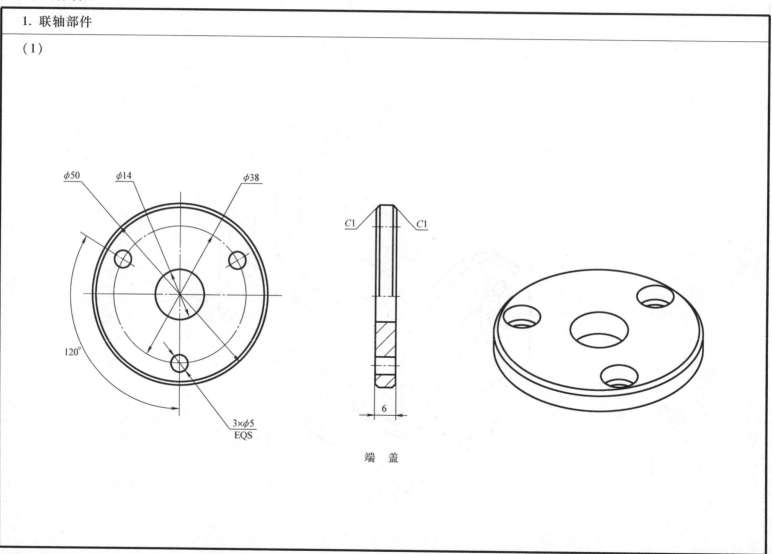

端 盖

(2)

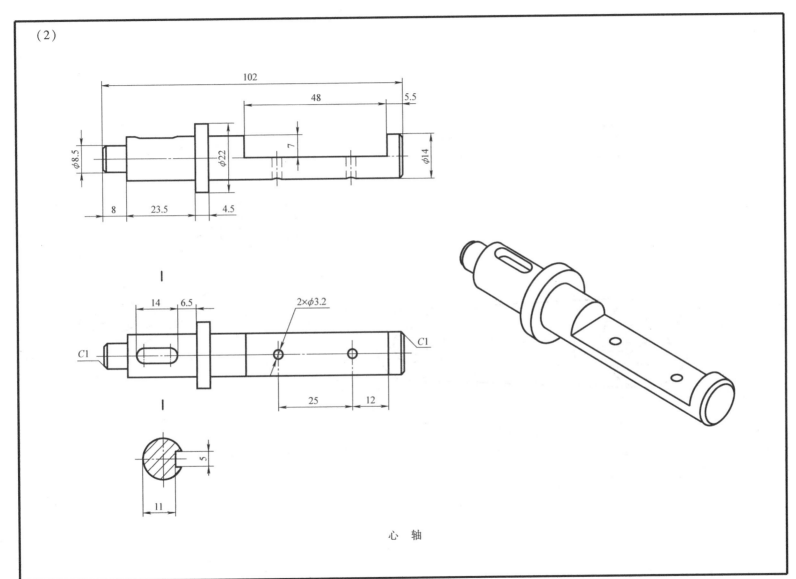

心 轴

(3)

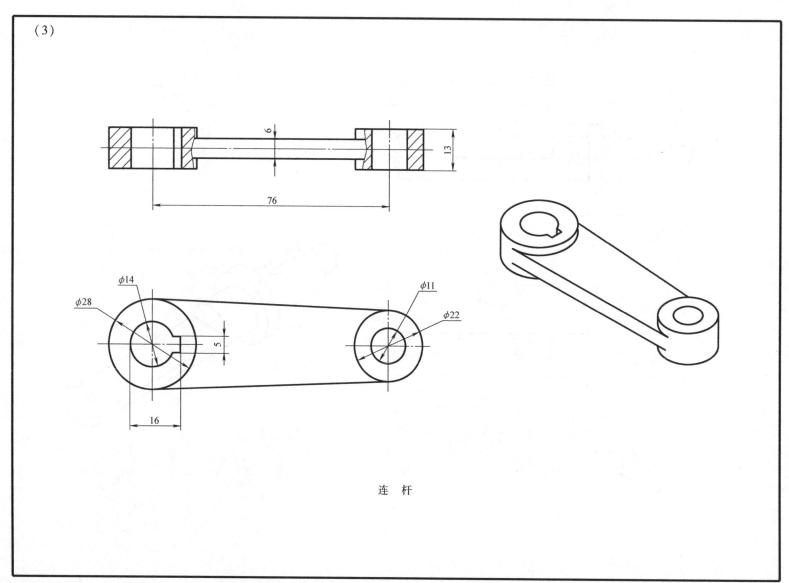

连　杆

(4)

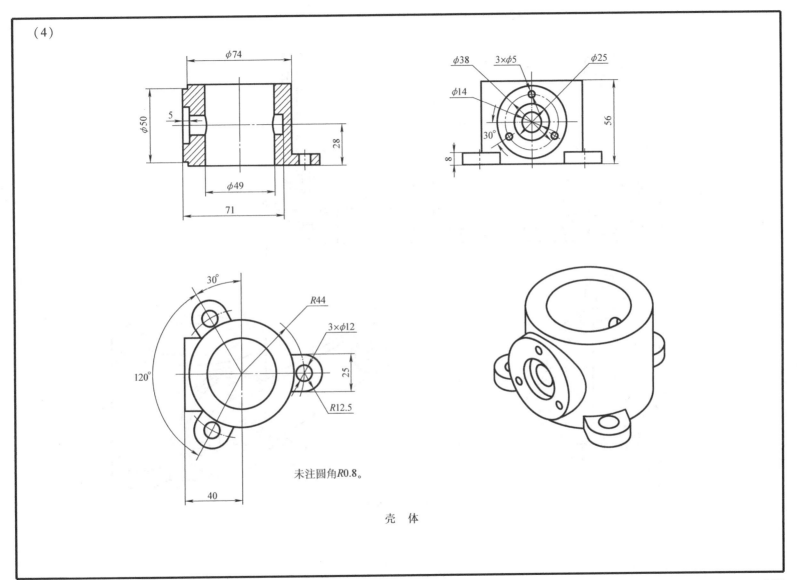

未注圆角R0.8。

壳 体

(5)

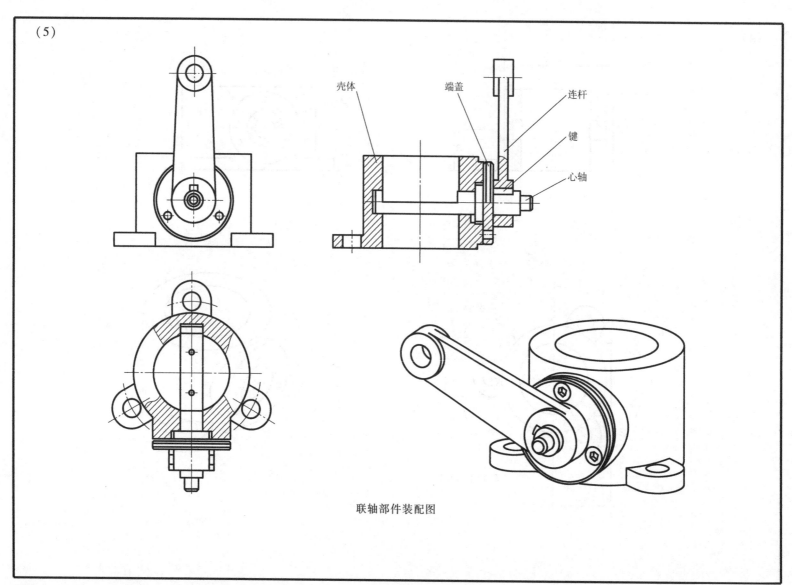

联轴部件装配图

(6)

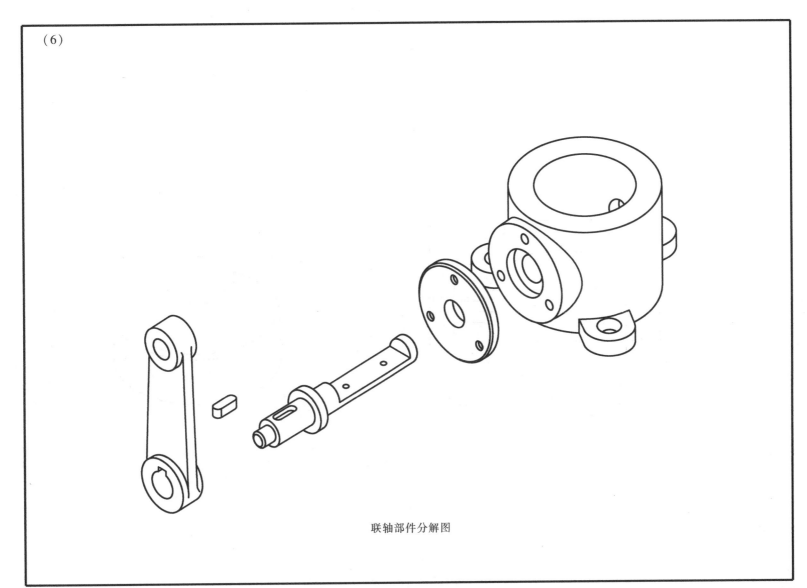

联轴部件分解图

2. 千斤顶

(1)

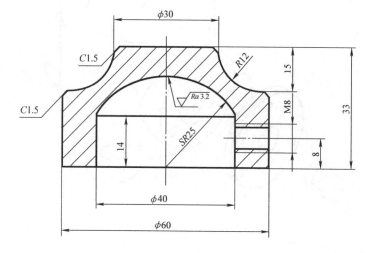
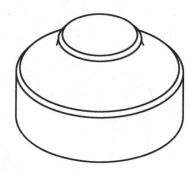

顶 垫

(2)

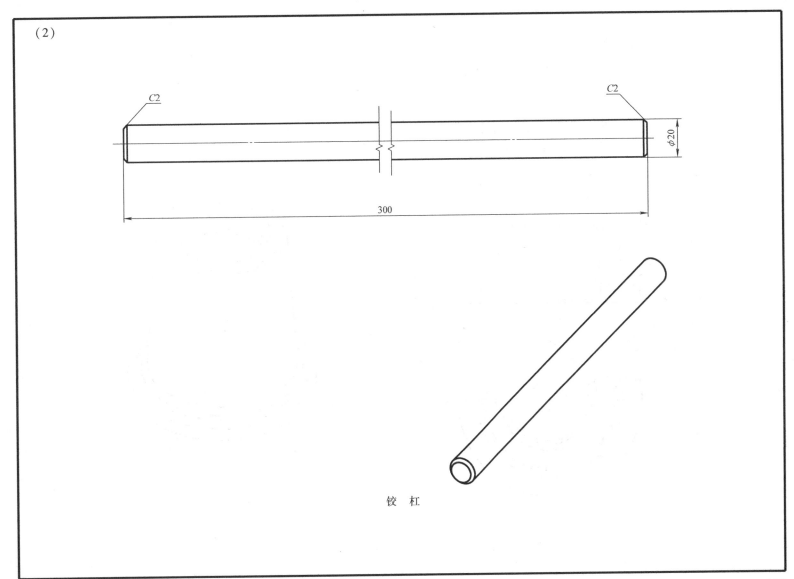

铰 杠

(3)

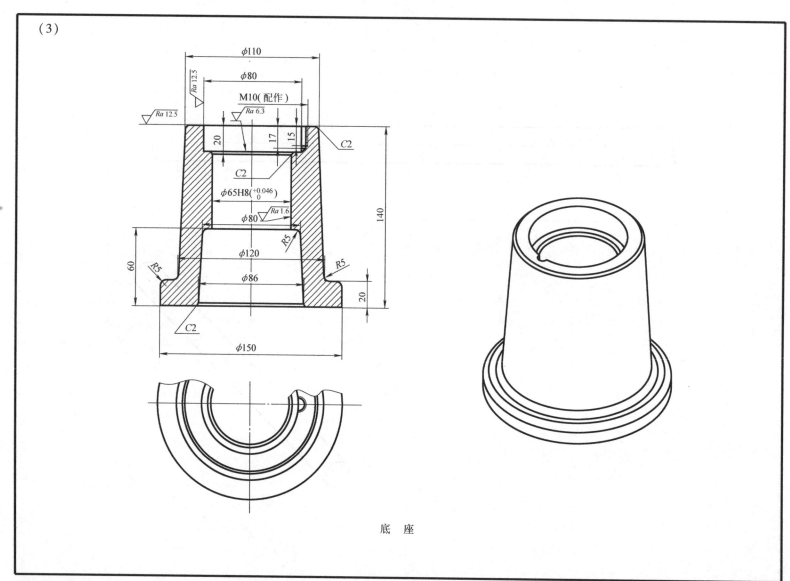

底　座

(4)

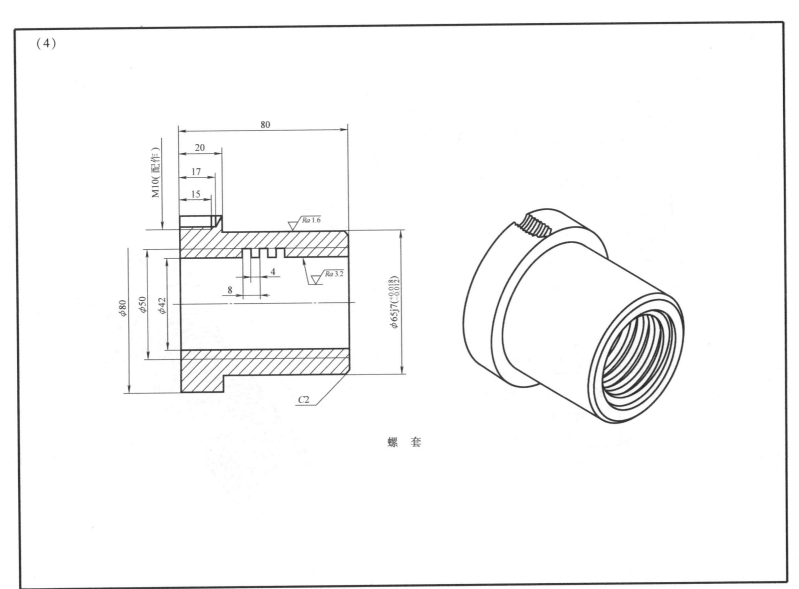

螺 套

(5)

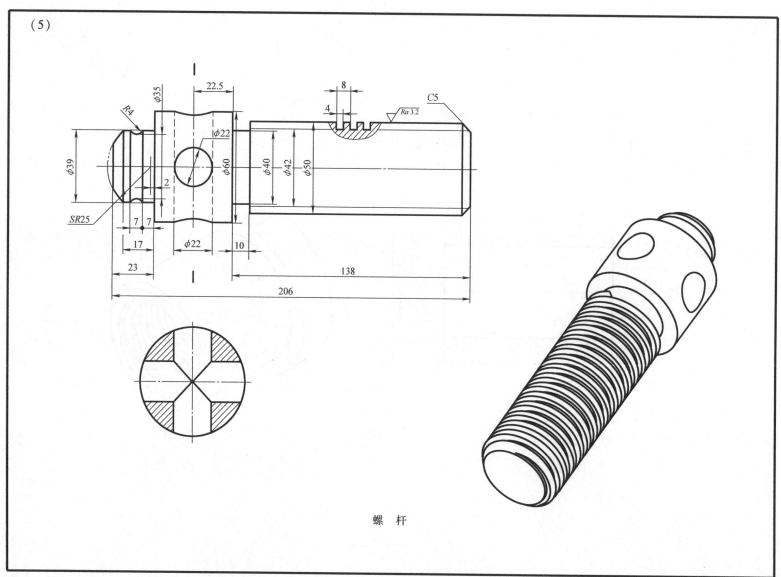

螺 杆

(6)

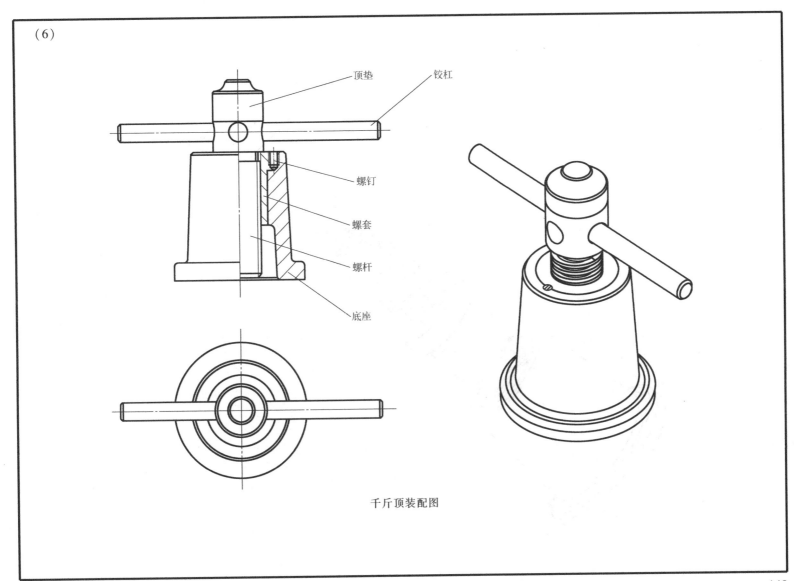

千斤顶装配图

(7)

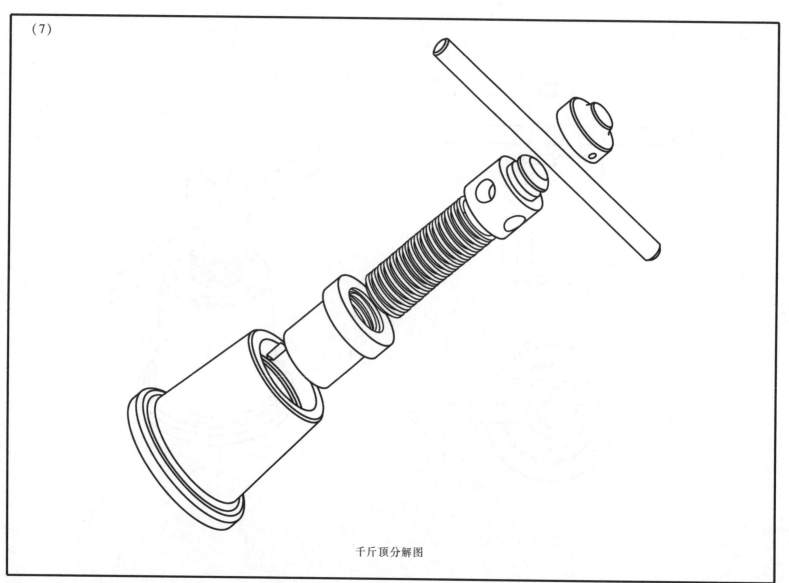

千斤顶分解图

3. 偏心传动机构

（1）

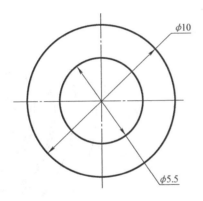

厚度为1。

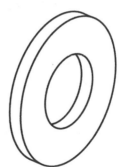

垫　圈

(2)

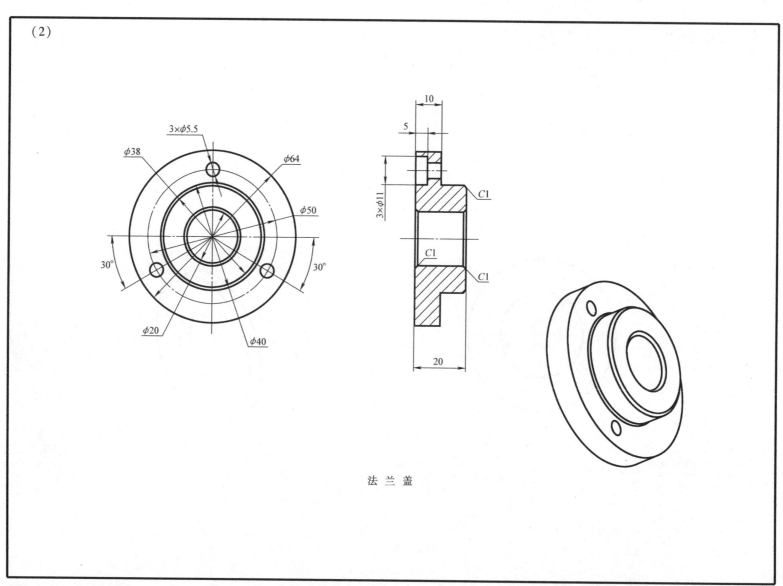

法 兰 盖

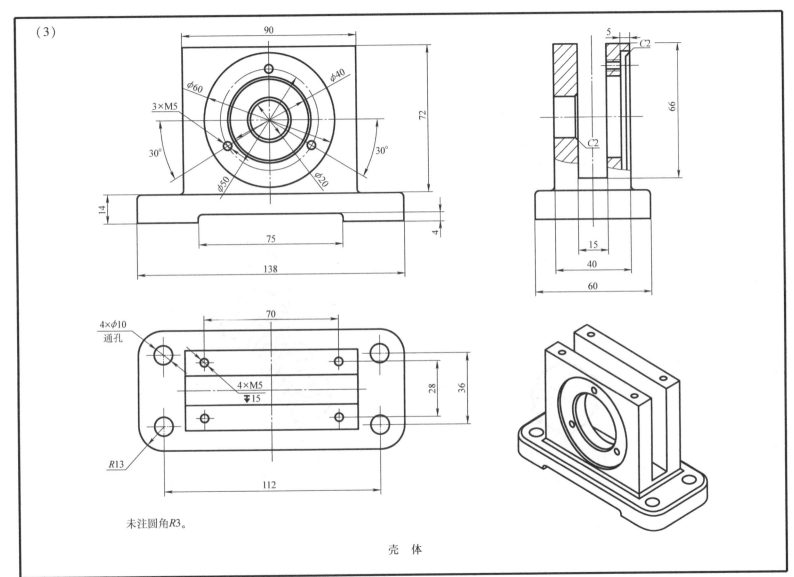

壳　体

(4)

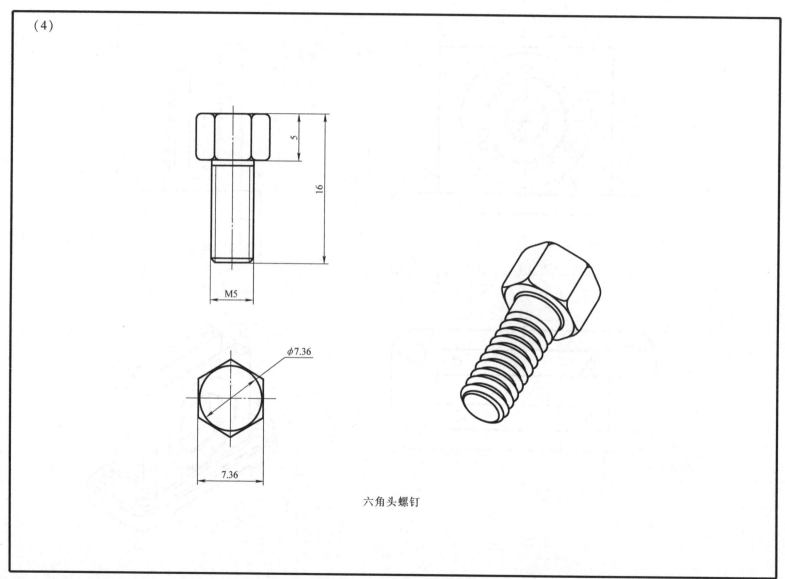

六角头螺钉

（5）

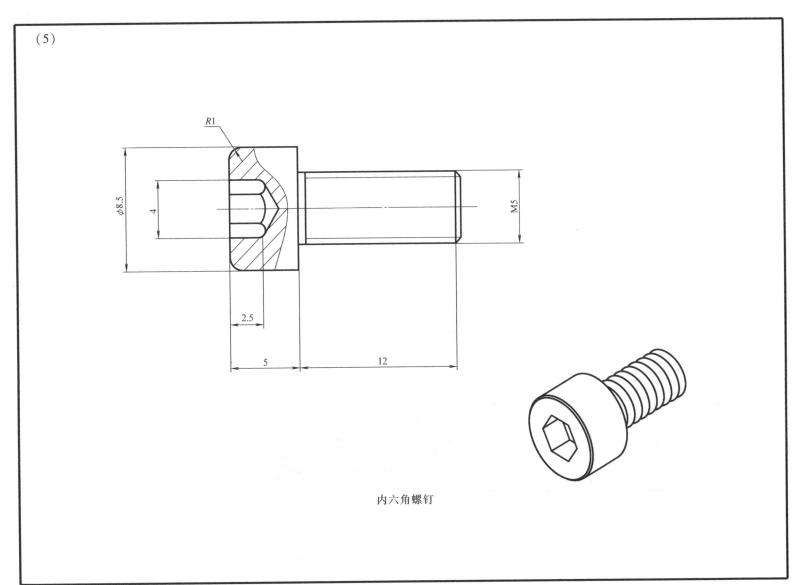

内六角螺钉

(6)

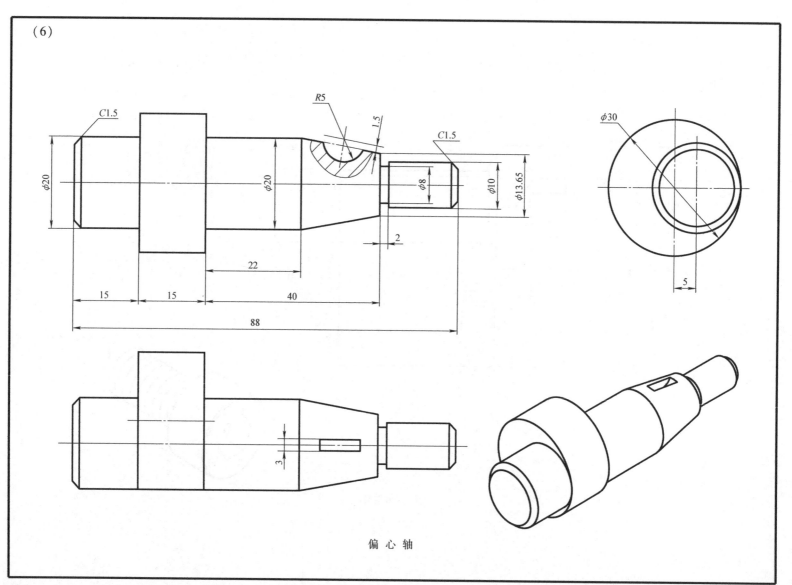

偏 心 轴

(7)

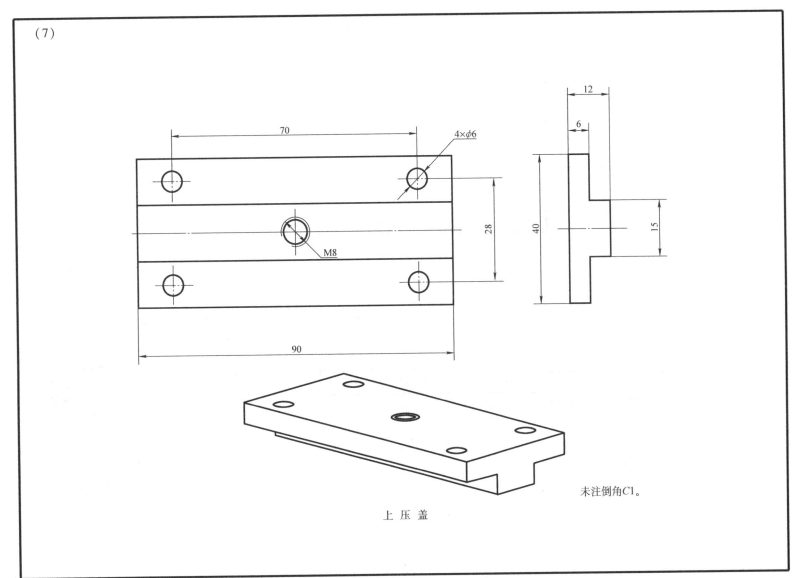

未注倒角C1。

上压盖

(8)

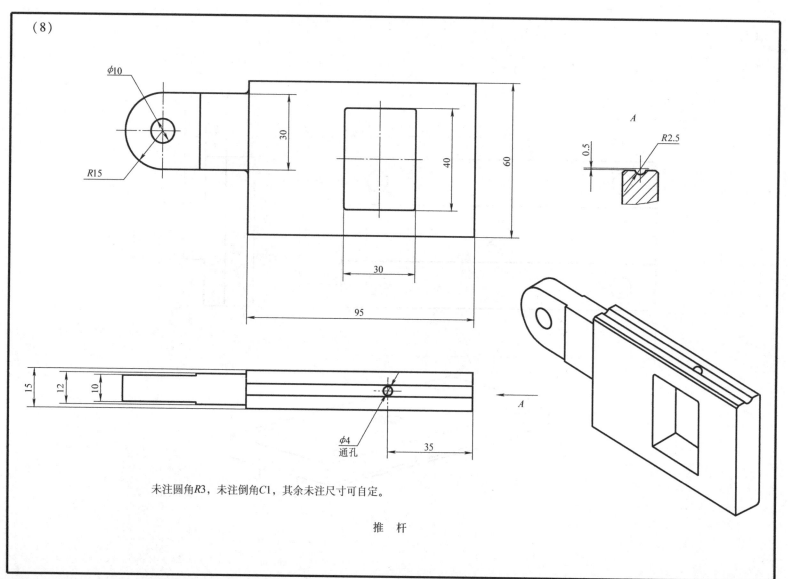

未注圆角R3，未注倒角C1，其余未注尺寸可自定。

推 杆

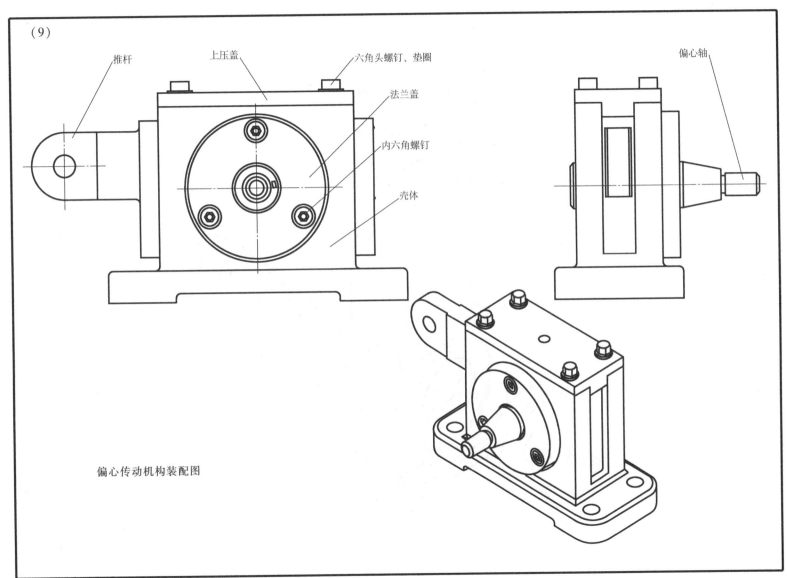

偏心传动机构装配图

(10)

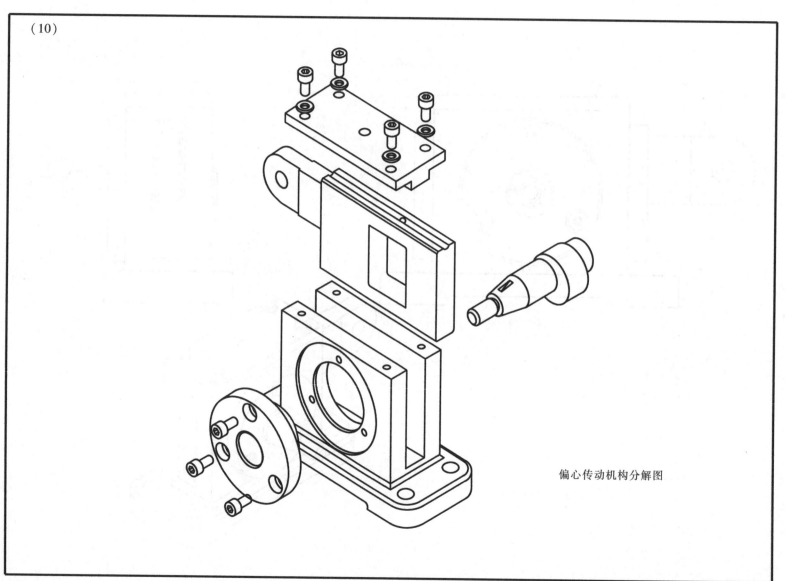

偏心传动机构分解图

4. 机床夹具

（1）

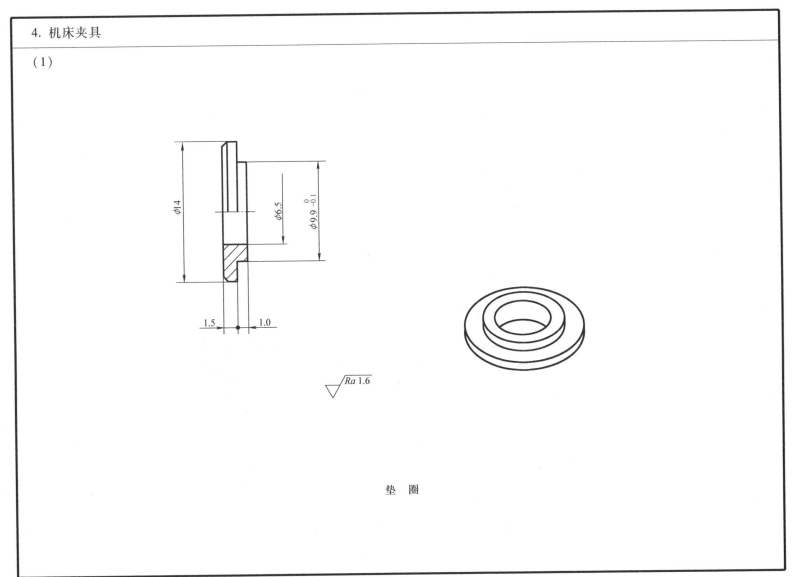

垫　圈

(2)

螺 母

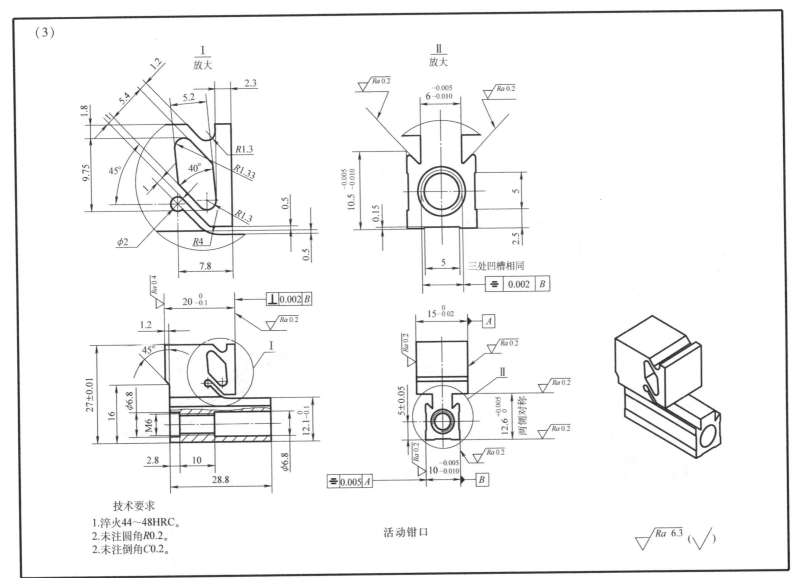

活动钳口

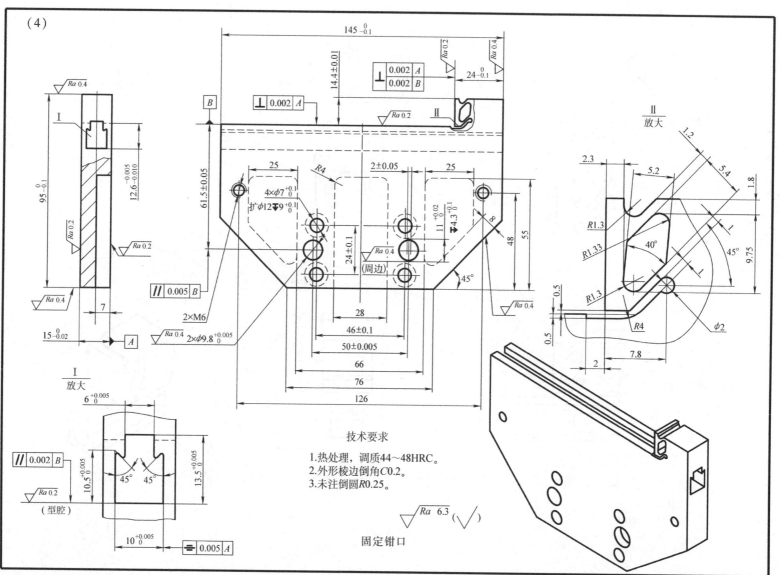

（5）

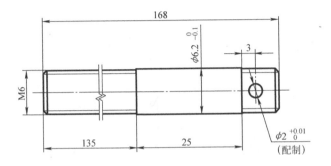

技术要求
热处理：24～28HRC。

双头螺柱

(6)

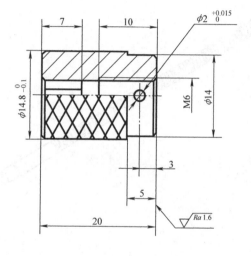
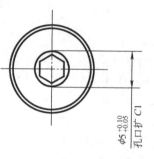

技术要求
1. 淬火52～56HRC。
2. 未注倒角C0.5。
3. 滚花网面1。

滚花手柄

(7)

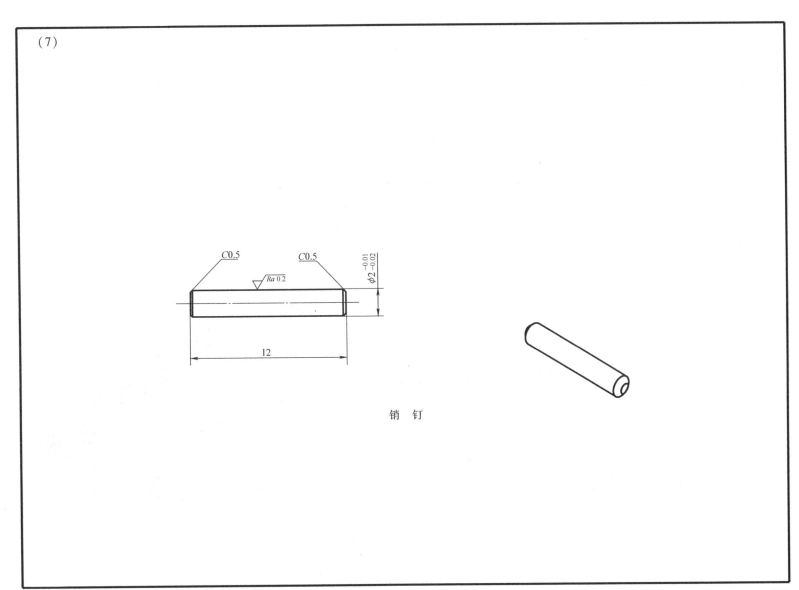

销 钉

(8)

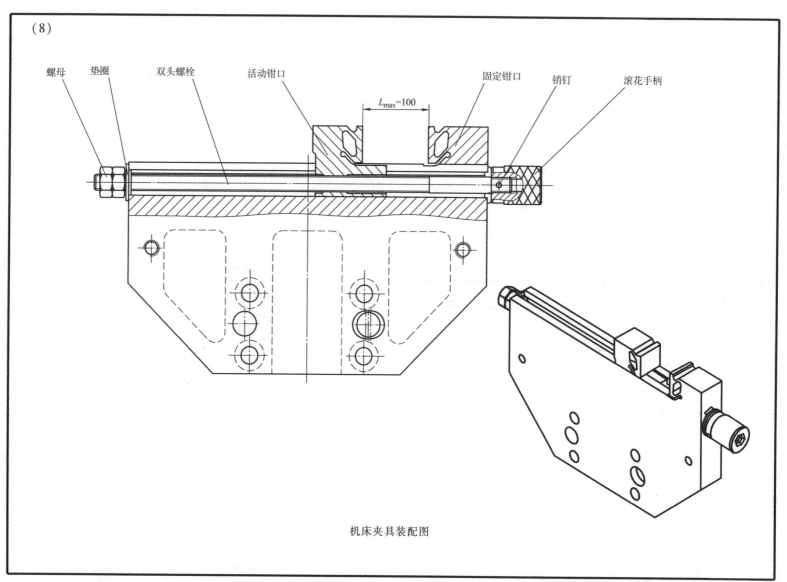

机床夹具装配图

(9)

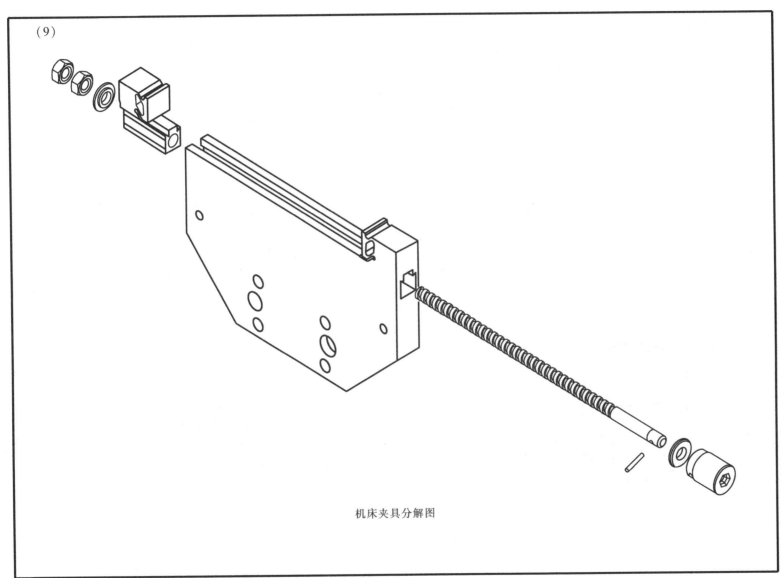

机床夹具分解图

5. 气缸模型

(1)

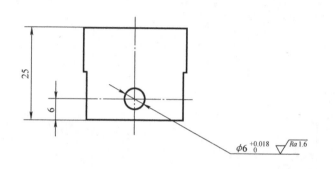
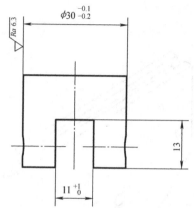

技术要求
1. 先加工φ6孔，再加工11×13槽。
2. 尖角倒钝。

活　塞

164

(2)

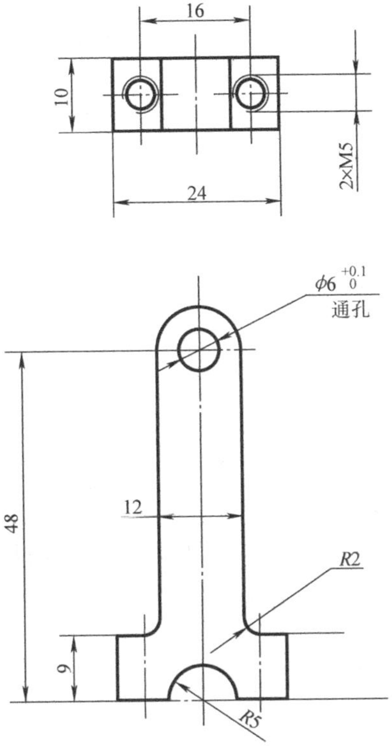

16
10
24
2×M5

$\phi 6^{+0.1}_{0}$ 通孔

48
12
R2
9
R5

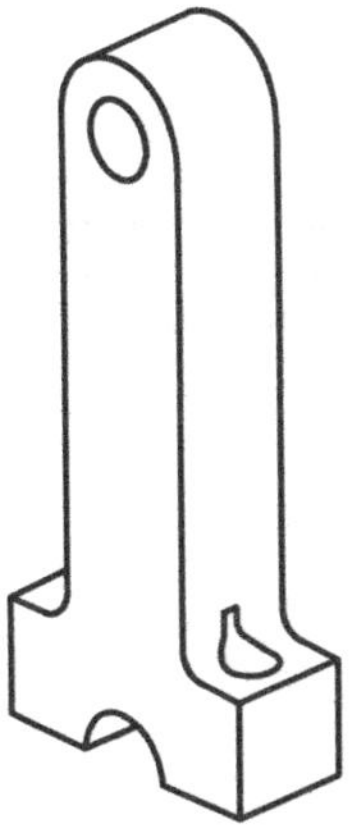

锐角倒钝

$\sqrt{Ra\,12.5}(\sqrt{\quad})$

连 杆

(3)

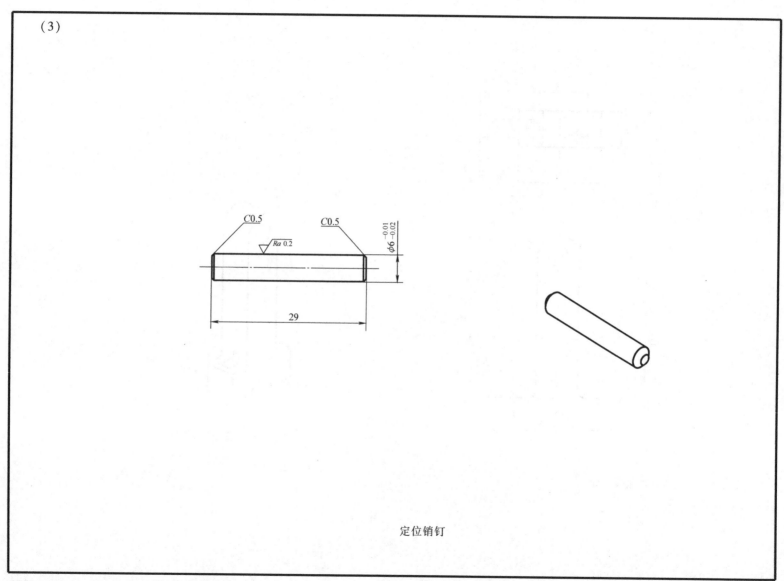

定位销钉

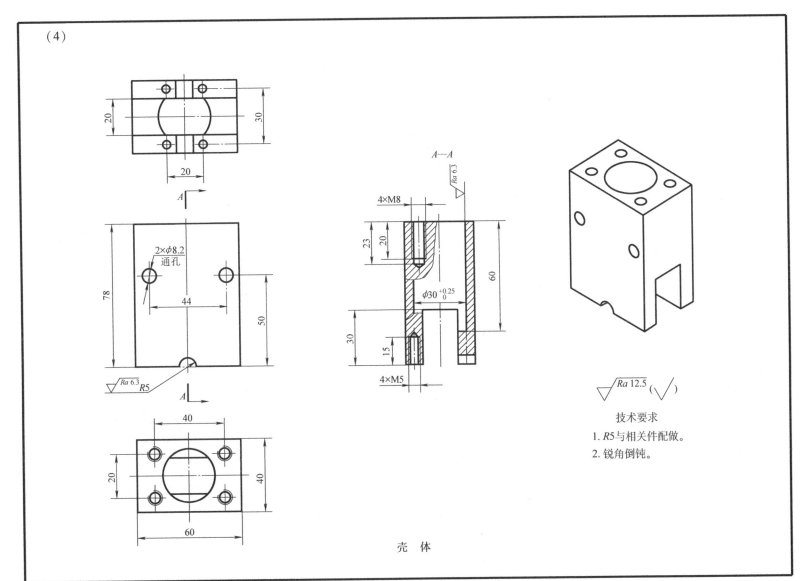

(5)

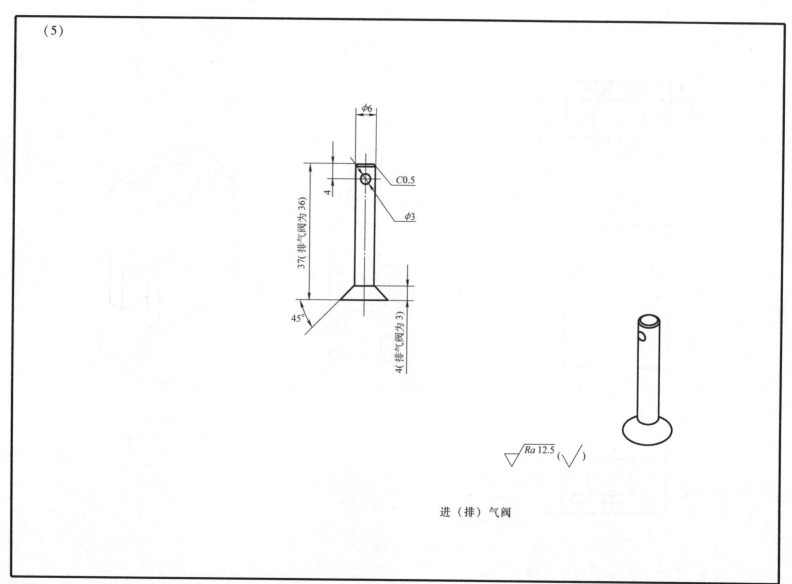

进（排）气阀

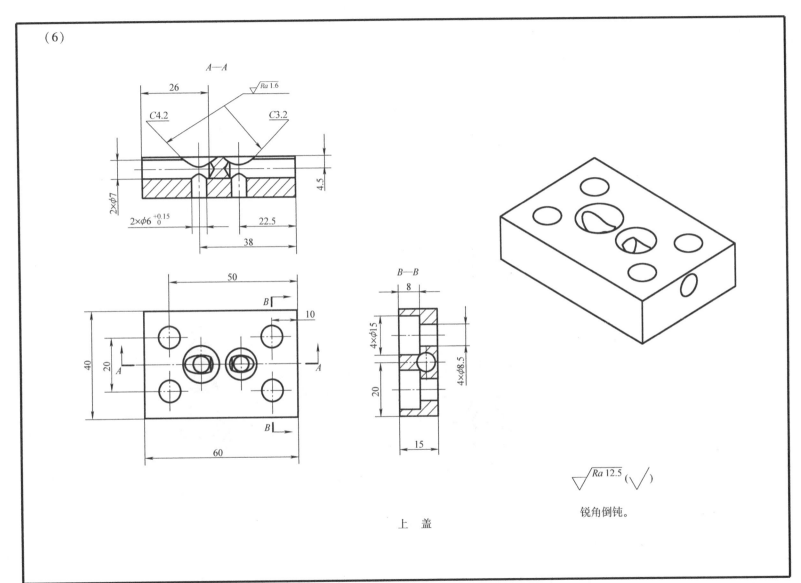

(7)

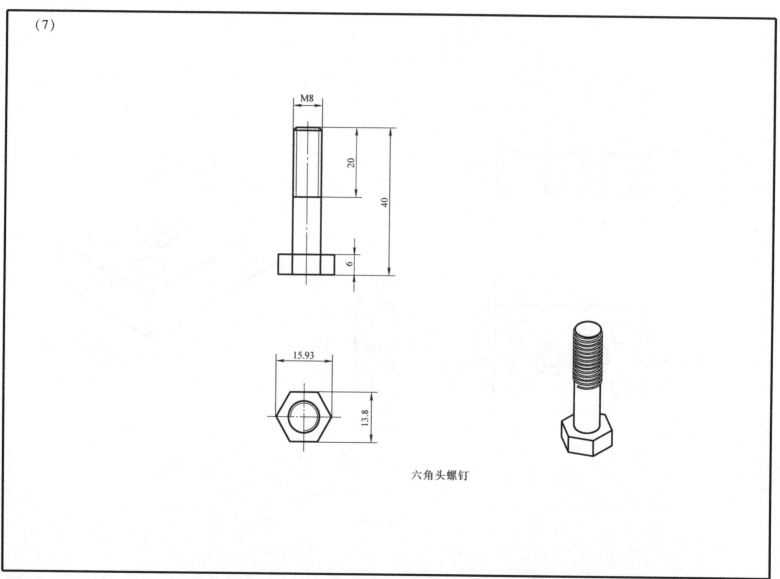

六角头螺钉

(8)

弹 簧

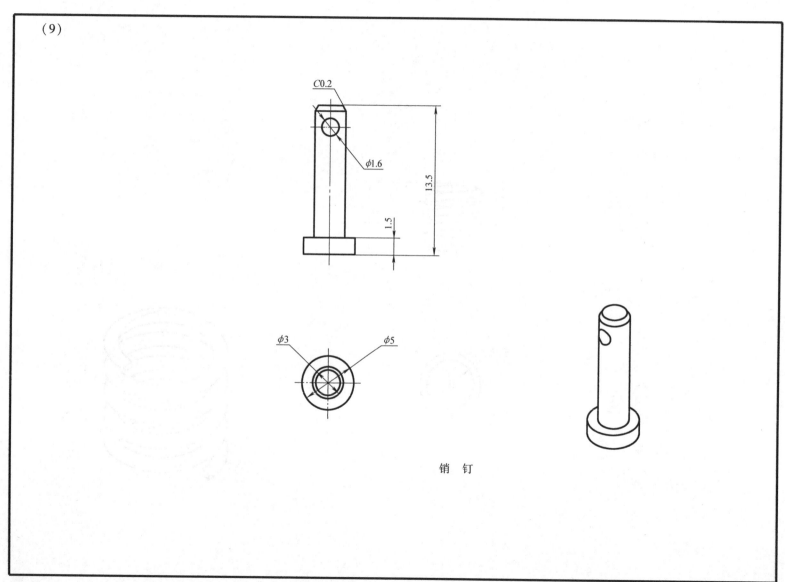

销 钉

(10)

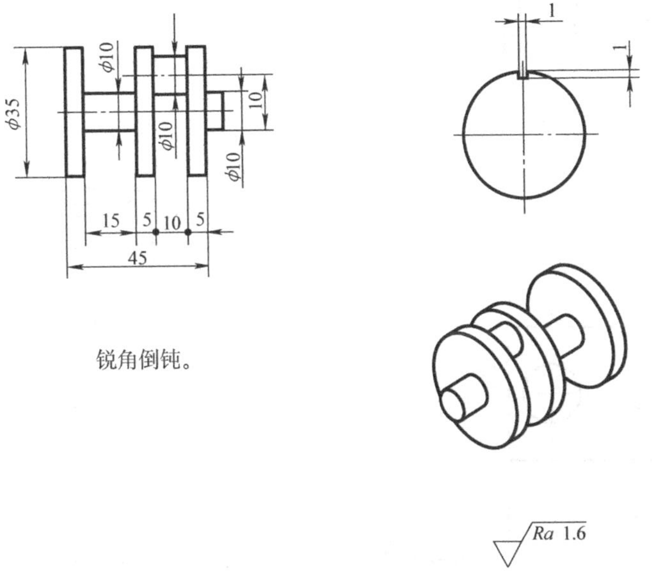

锐角倒钝。

$\sqrt{Ra\ 1.6}$

曲 轴

(11)

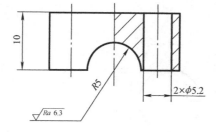

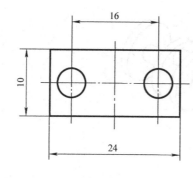

技术要求
1. R5与相关件配作。
2. 锐角倒钝。

曲轴端盖

(12)

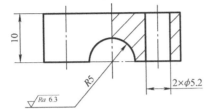

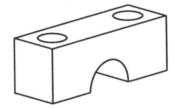

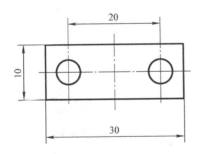

$\sqrt{Ra\,12.5}$ ($\sqrt{}$)

技术要求
1. R5与相关件配作。
2. 锐角倒钝。

曲轴支座

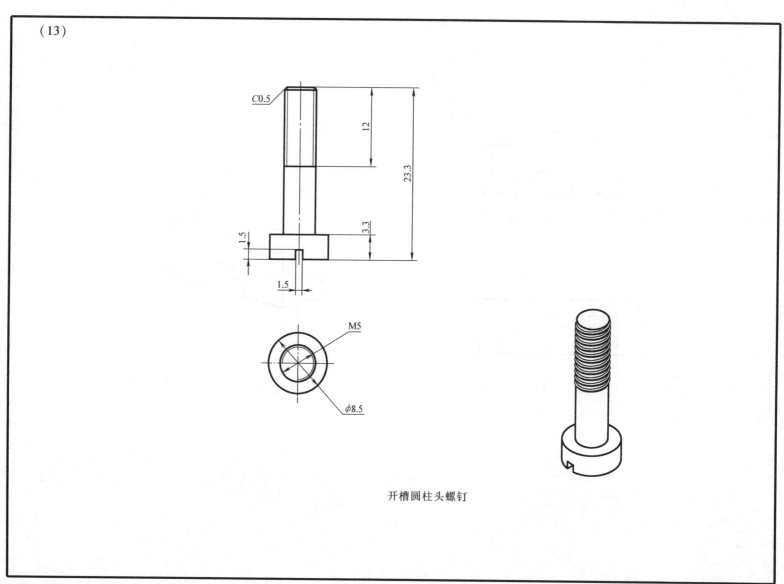

开槽圆柱头螺钉

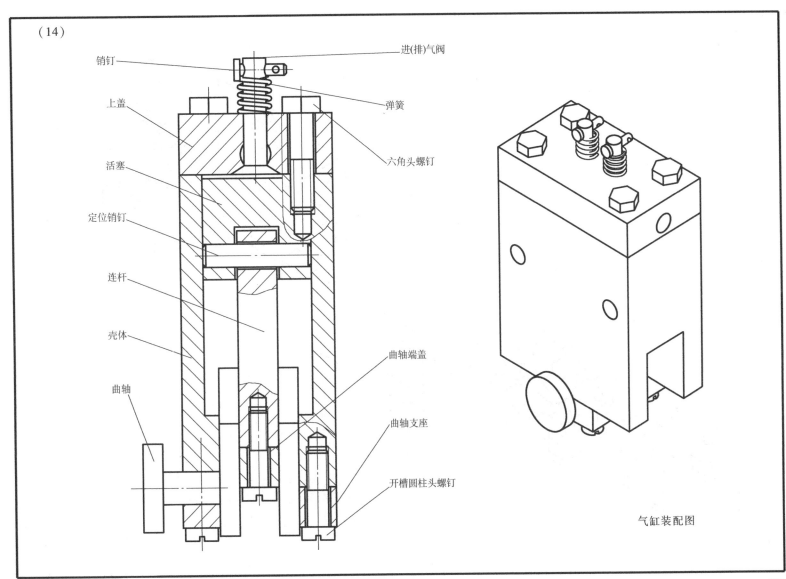

气缸装配图

(15)

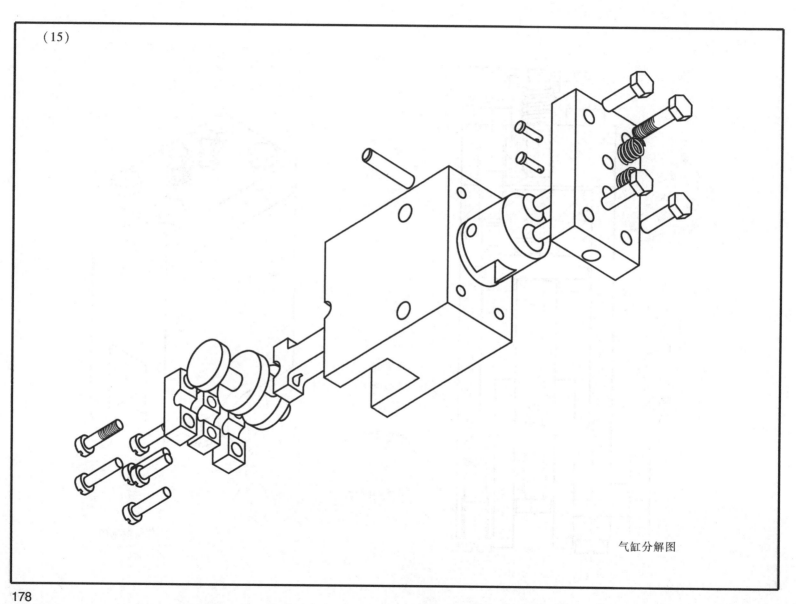

气缸分解图

第四部分 其他图形

一、建筑图样

(1)

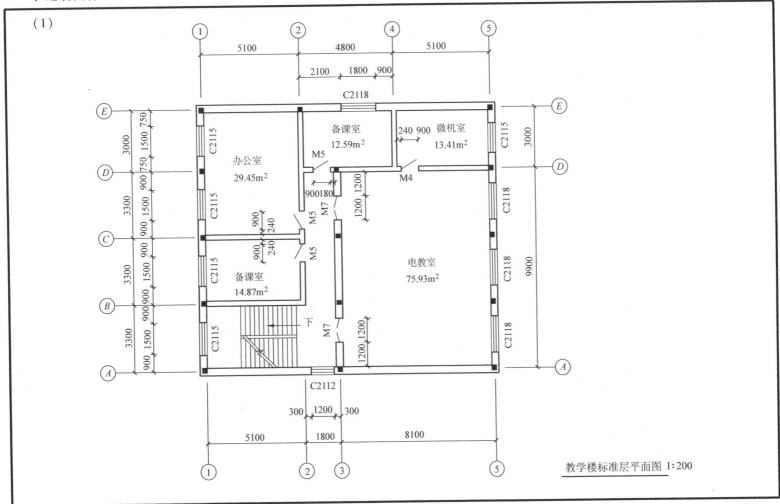

教学楼标准层平面图 1:200

(2)

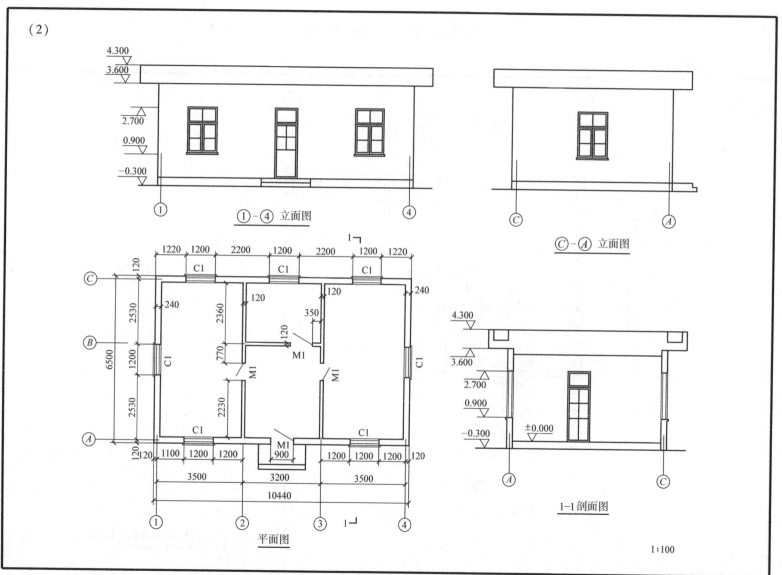

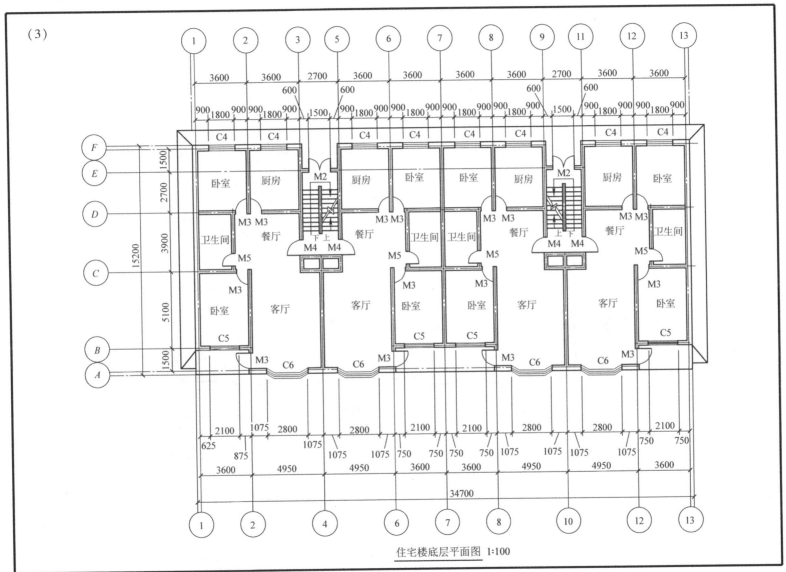

住宅楼底层平面图 1:100

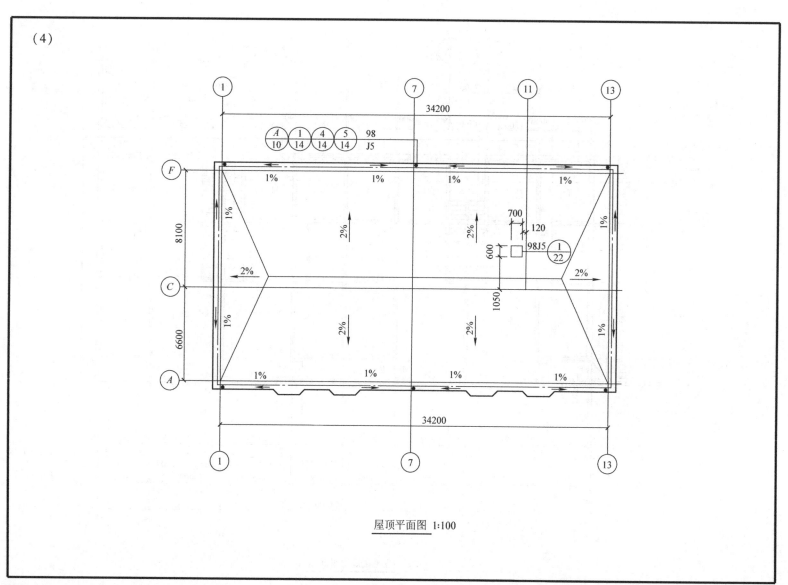

屋顶平面图 1:100

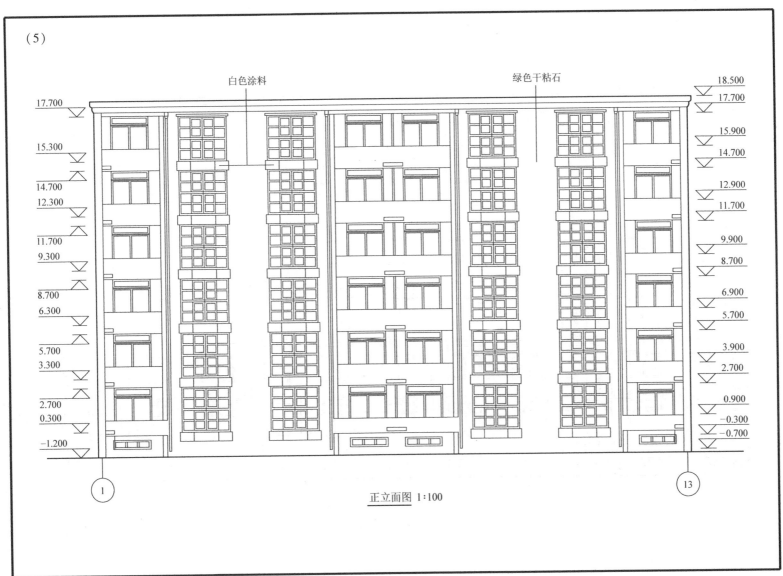

正立面图 1:100

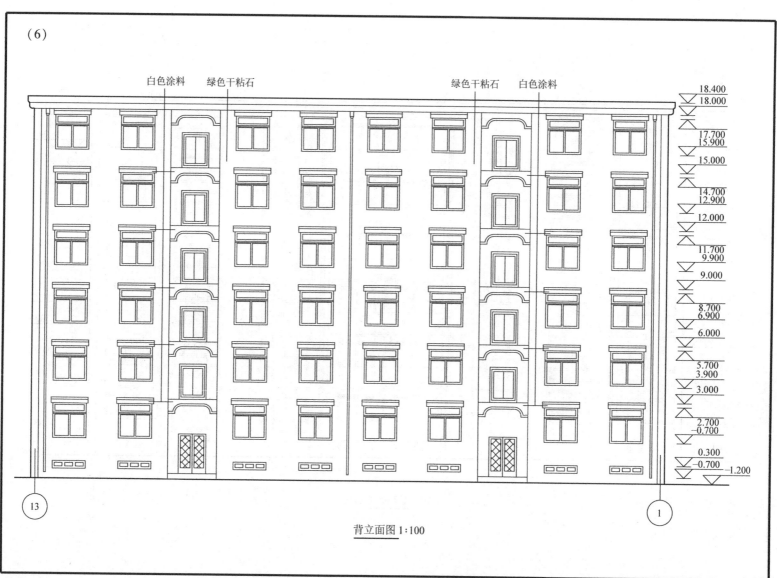

背立面图 1:100

(7)

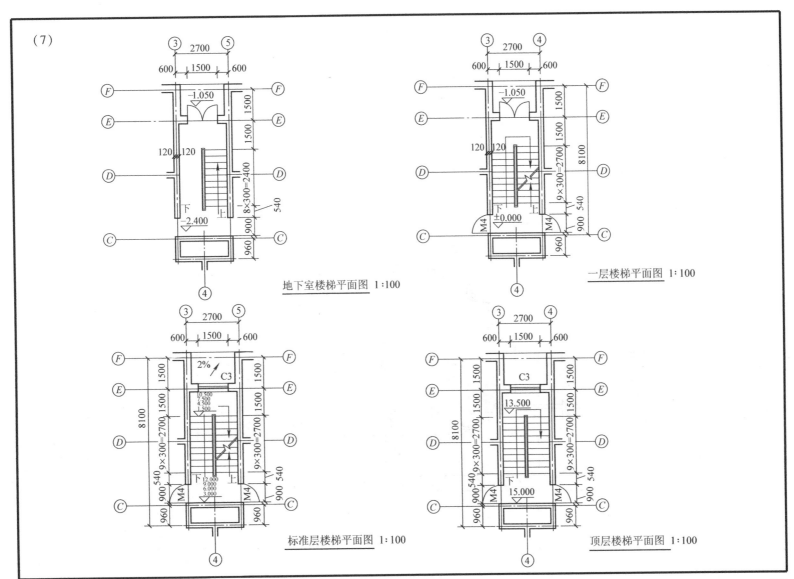

地下室楼梯平面图 1:100

一层楼梯平面图 1:100

标准层楼梯平面图 1:100

顶层楼梯平面图 1:100

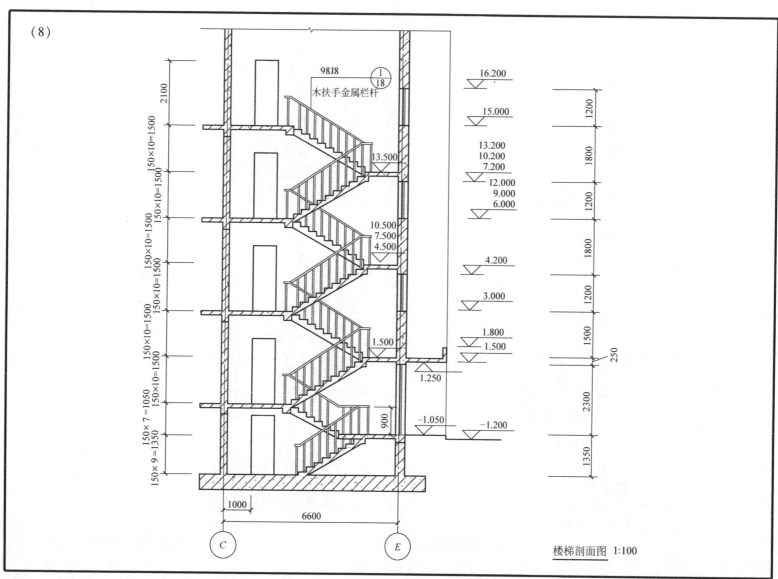

楼梯剖面图 1:100

(9)

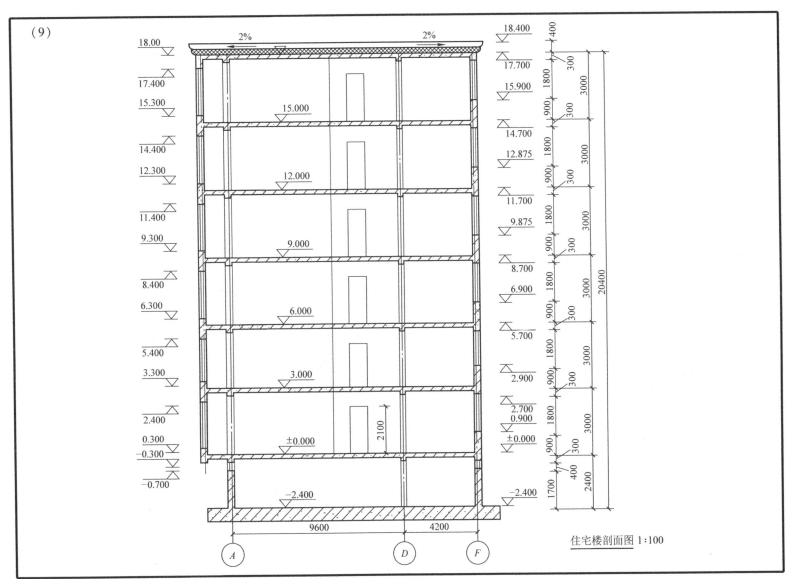

住宅楼剖面图 1:100

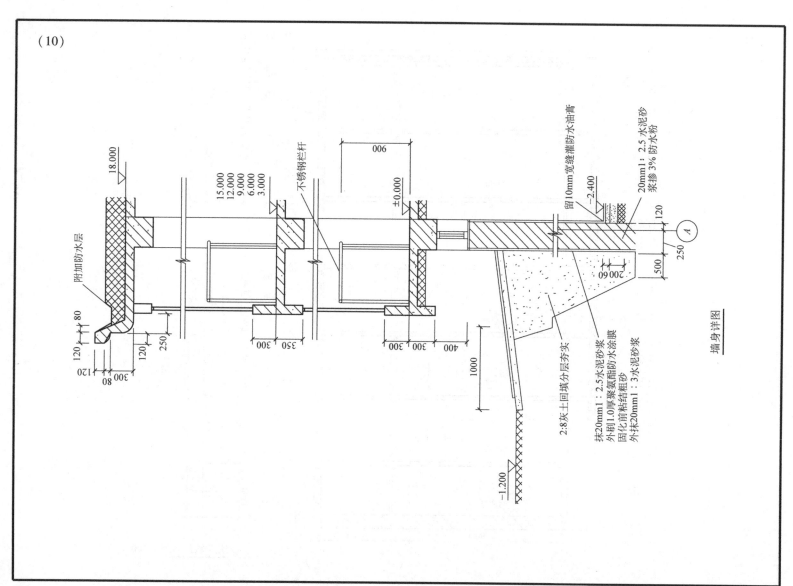

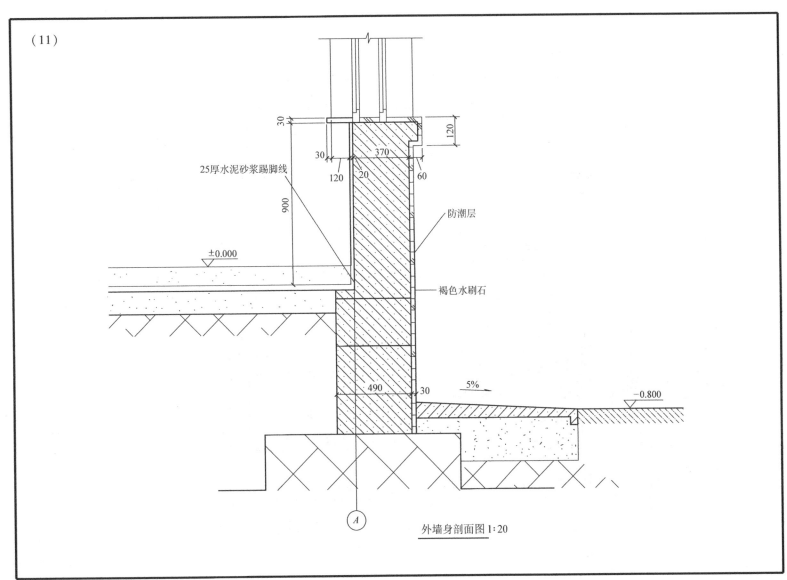

(12)

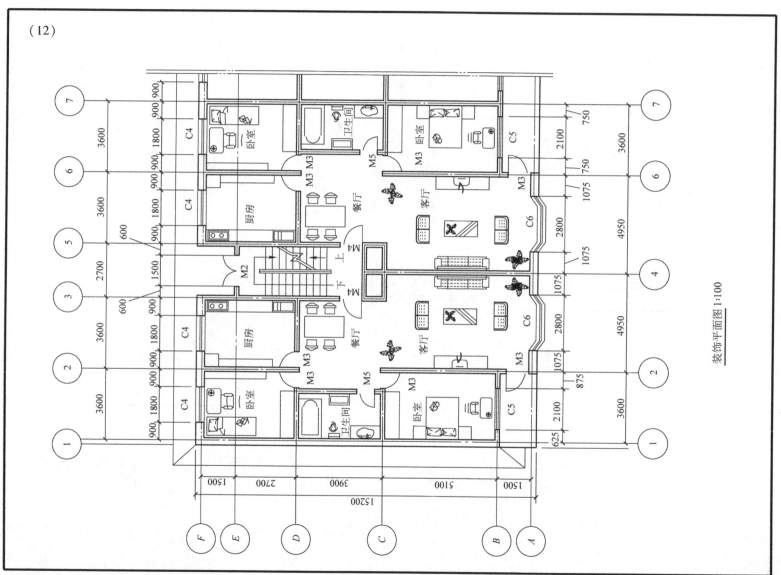

装饰平面图 1:100

二、竞赛图形

1. 2D 图形

（1）绘制图形。与两处 $R12\text{mm}$ 圆弧相切的斜线为平行线，参数 E 尺寸的几处斜线为平行线。图中：$A = 150\text{mm}$，$B = 10\text{mm}$，$C = 15\text{mm}$，$D = 12\text{mm}$，$E = 8\text{mm}$。求：灰色区域面积是多少？（注：精确到小数点后两位，与标准答案误差在 ±0.5% 以内视为正确。）

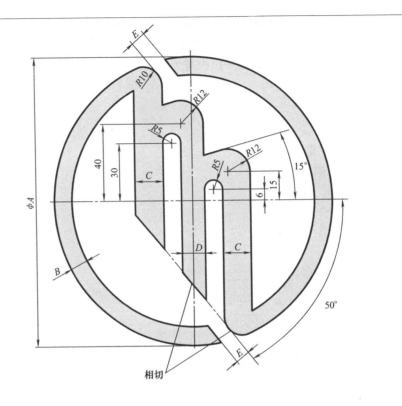

191

（2）绘制图形。图中未标注圆弧尺寸的部分，尺寸与其相邻处的圆弧相同。图中：$A = 40\text{mm}$，$B = 38\text{mm}$，$C = 49\text{mm}$，$D = 26\text{mm}$，$E = 58\text{mm}$，$F = 25\text{mm}$。求：灰色区域面积是多少？（注：精确到小数点后两位，与标准答案误差在±0.5%以内视为正确。）

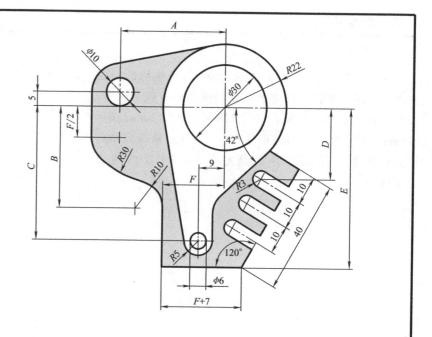

（3）绘制图形。图中相同区域未标注尺寸的部分，尺寸与其相同结构处一致。图中：$A = 37$mm，$B = 1.6$mm，$C = 7$mm，$D = 14$mm，$E = 32$mm，$F = 46$mm。求：灰色区域（浅灰和深灰）总面积是多少？$L1$、$L2$ 的长度分别是多少？（注：精确到小数点后两位，与标准答案误差在 ±0.5% 以内视为正确。）

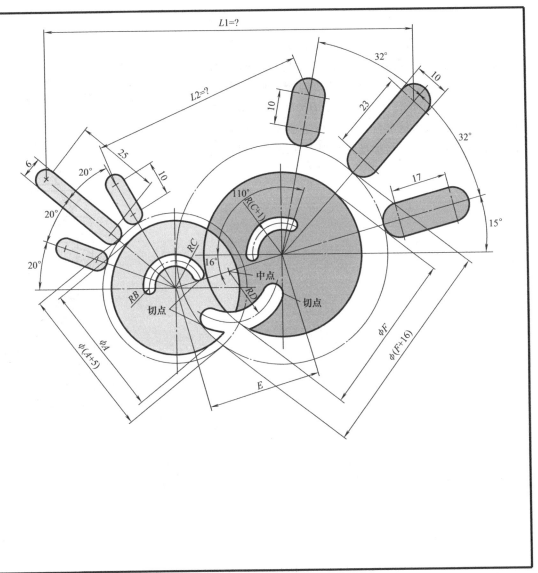

（4）绘制图形。图中结构考虑平行、共线、阵列等几何关系，例如，B 和 $2 \times B$ 尺寸均为对称尺寸。中间图形与灰色区域形成的缝隙尺寸均为 2mm。未标注尺寸的部分，尺寸与其相同结构处一致。图中：$A = 68$mm，$B = 20$mm，$C = 40$mm，$D = 15$mm。求：灰色区域（局部放大区域除外）面积是多少？（注：精确到小数点后两位，与标准答案误差在 ±0.5% 以内视为正确。）

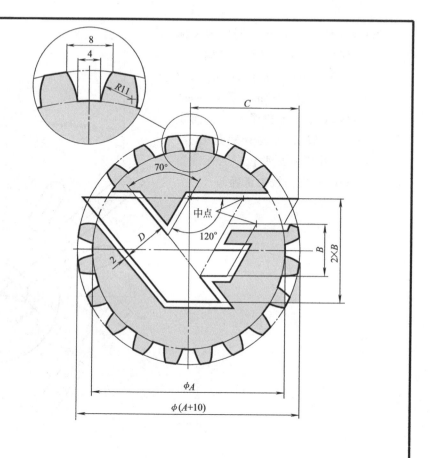

（5）绘制图形，图中结构考虑同心、对称、共线、平行、阵列等几何关系。未标注尺寸的部分，尺寸与其相同结构处一致。图中：$A = 98$mm，$B = 27$mm，$C = 30$mm，$D = 63$mm，$E = 40$mm，$F = 74$mm，$G = 4.5$mm，$H = 18$mm，$K = 94$mm，$M = 290$mm，$T = 5.5$mm。求：灰色区域面积是多少？（注：精确到小数点后两位，与标准答案误差在 ±0.5% 以内视为正确。）

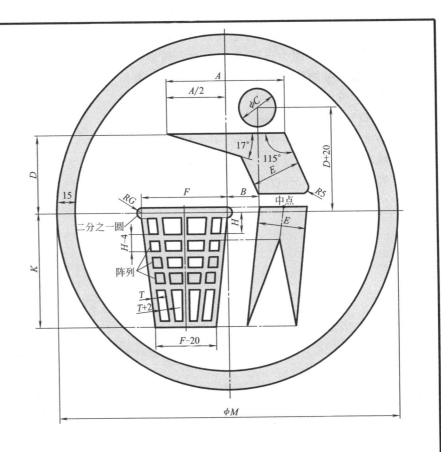

（6）绘制图形，图中结构考虑共线、平行、相切等几何关系，图形外廓为边长 H 的等边三角形。图中未标注圆弧尺寸的部分，尺寸与其相邻处的圆弧相同。未标注尺寸的部分，尺寸与其相同结构处一致。图中：$A = 13\,\text{mm}$，$B = 83\,\text{mm}$，$C = 8\,\text{mm}$，$D = 3\,\text{mm}$，$E = 26\,\text{mm}$，$F = 65\,\text{mm}$，$G = 28\,\text{mm}$，$H = 150\,\text{mm}$。求：灰色区域面积是多少？（注：精确到小数点后两位，与标准答案误差在 ±0.5% 以内视为正确。）

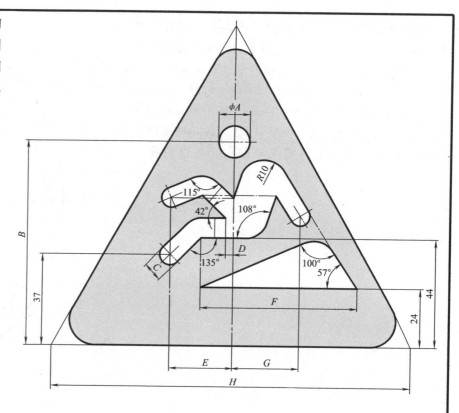

（7）绘制图形，图中结构考虑同心、相切、平行、垂直等几何关系。图中未标注圆弧尺寸的部分，尺寸与其相邻处的圆弧相同。未标注尺寸的部分，尺寸与其相同结构处一致。图中：$A = 75$mm，$B = 145$mm，$C = 160$mm，$D = 99$mm，$E = 40$mm，$F = 3$mm。求：灰色区域面积是多少？（注：精确到小数点后两位，与标准答案误差在 ±0.5% 以内视为正确。）

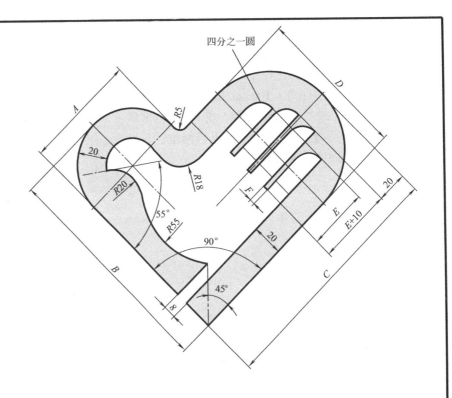

（8）绘制图形。图中结构考虑相切、阵列、共线等几何关系。图中未标注圆弧尺寸的部分，尺寸与其相邻处的圆弧相同。未标注尺寸的部分，尺寸与其相同结构处一致。图中：A = 100mm，B = 45mm，C = 2mm，D = 30mm。求：点区域（共5块）、灰色区域的面积各是多少？（注：精确到小数点后两位，与标准答案误差在±0.5%以内视为正确。）

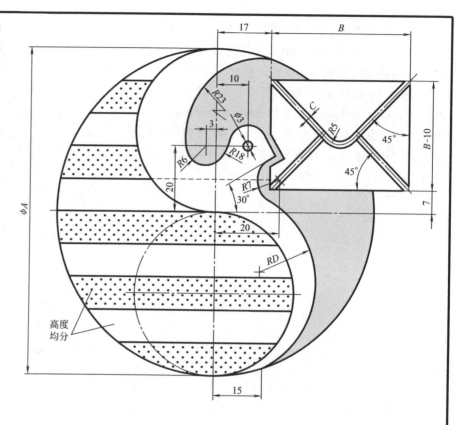

（9）绘制图形。图中结构考虑同心、等长等几何关系。图中未标注尺寸的部分，尺寸与相同结构处一致。图中：$A = 100\text{mm}$，$B = 40\text{mm}$，$C = 18\text{mm}$，$D = 5\text{mm}$，$E = 60°$，$T = 2\text{mm}$。求：点 $P1$ 到点 $P2$ 的距离是多少？灰色区域（共三块）的面积是多少？（注：精确到小数点后两位，与标准答案误差在±0.5%以内视为正确。）

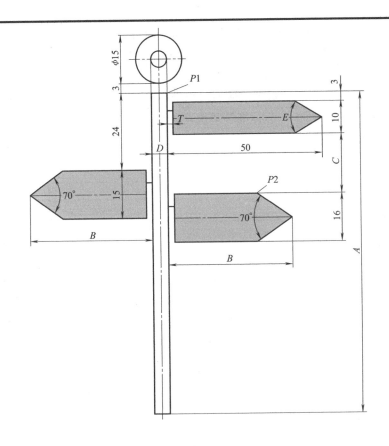

（10）绘制图形。图中结构考虑阵列、同心等几何关系。图中未标注尺寸的部分，尺寸与其相同结构处一致。图中：$A = 120\text{mm}$，$B = 3\text{mm}$，$C = 8\text{mm}$，$D = 30\text{mm}$，$T = 5\text{mm}$。求：灰色区域的面积是多少？（注：精确到小数点后两位，与标准答案误差在±0.5%以内视为正确。）

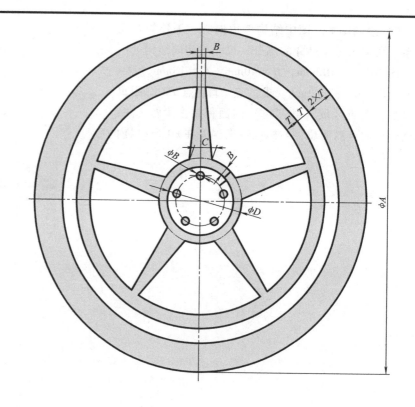

（11）绘制图形。图中结构考虑对称、同心等几何关系。图中未标注圆弧尺寸的部分，尺寸与其相邻处的圆弧相同。未标注尺寸的部分，尺寸与其相同结构处一致。图中：$A=120mm$，$B=70mm$，$C=26mm$，$D=35mm$，$E=40mm$，$F=65°$，$G=80°$，$T=3mm$。图中未标注间隔处的距离均相等。求：点 $P1$ 到点 $P2$ 的距离是多少？灰色区域的面积是多少？（注：精确到小数点后两位，与标准答案误差在±0.5%以内视为正确。）

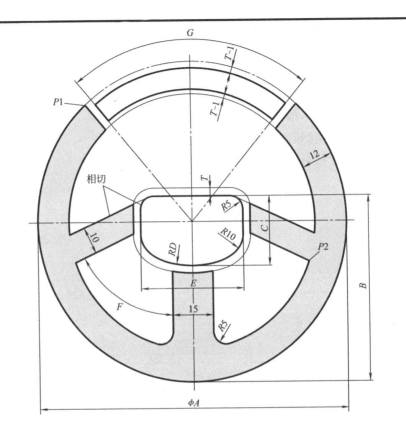

（12）绘制图形。图中结构考虑对称、阵列等几何关系。图中未标注圆弧尺寸的部分，尺寸与其相邻处的圆弧相同。未标注尺寸的部分，尺寸与其相同结构处一致。图中：$A = 32\text{mm}$，$B = 10\text{mm}$，$C = 25°$，$D = 8\text{mm}$，$E = 14°$，$T = 1\text{mm}$。求：点 $P1$ 到点 $P2$ 的距离是多少？灰色区域的面积是多少？（注：精确到小数点后两位，与标准答案误差在 ±0.5% 以内视为正确。）

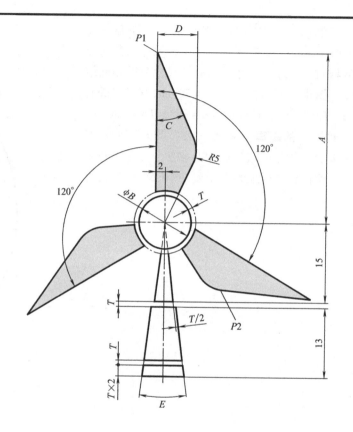

（13）绘制图形。图中结构考虑相切、阵列等几何关系。图中未标注圆弧尺寸的部分，尺寸与其相邻处的圆弧相同。未标注尺寸的部分，尺寸与其相同结构处一致。图中：$A=250$ mm，$B=106$ mm，$C=62$ mm，$D=52$ mm，$E=15$ mm，$F=78$ mm，$T=5$ mm。图中未标注间隔处的距离均相等。求：灰色区域的面积是多少？（注：精确到小数点后两位，与标准答案误差在±0.5%以内视为正确。）

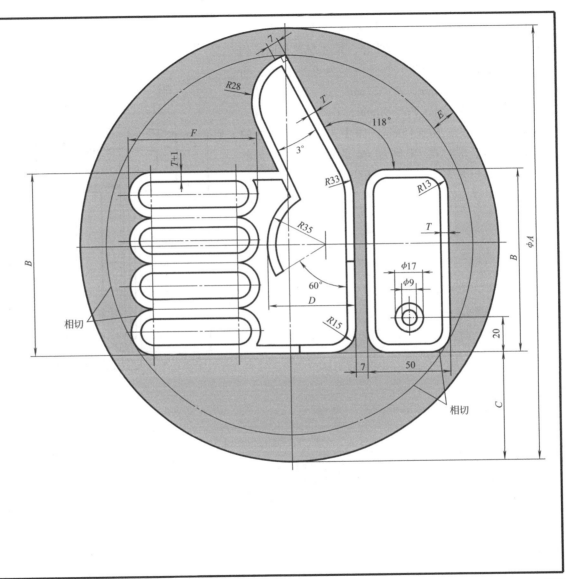

（14）绘制图形。图中结构考虑对称、偏距等几何关系。图中未标注尺寸的部分，尺寸与其相同结构处一致。灰色区域左侧3个三角形为等腰直角三角形。图中：$A = 110$mm，$B = 22$mm，$C = 93$mm，$D = 150$mm，$E = 30$mm，$F = 90$mm，$G = 65$mm，$H = 160$mm，$K = 35°$，$Ta = 15$mm。图中未标注间隔处的距离均相等。求：点$P1$到点$P2$的距离是多少？灰色区域的面积是多少？（注：精确到小数点后两位，与标准答案误差在±0.5%以内视为正确。）

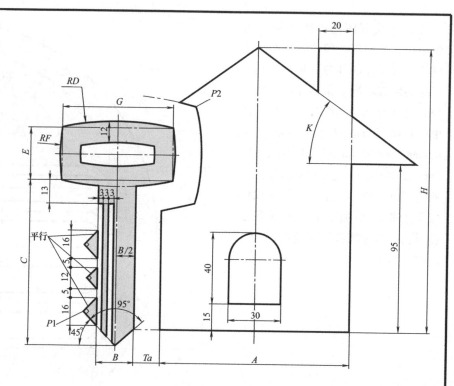

（15）绘制图形。图中结构考虑阵列、相切等几何关系。图中未标注尺寸的部分，尺寸与其相同结构处一致。图中：$A = 100\text{mm}$，$B = 80\text{mm}$，$C = 55°$，$D = 70\text{mm}$，$T = 2\text{mm}$。求：灰色区域（局部放大区域除外）的面积是多少？无色区域（共六块）的面积是多少？（注：精确到小数点后两位，与标准答案误差在 ±0.5% 以内视为正确。）

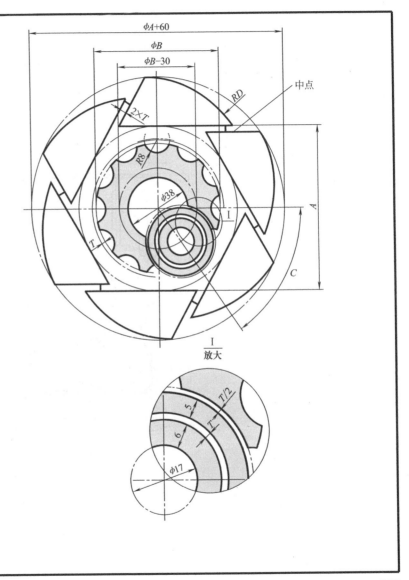

2. 3D 图形

（1）参照图构建模型，注意其中的对称、重合、等距、同心等约束关系。零件壁厚均为 E。图中：$A = 110$mm，$B = 30°$，$C = 72$mm，$D = 60$mm，$E = 1.5$mm。求：模型体积是多少？（注：精确到小数点后两位，与标准答案误差在 ±0.5% 以内视为正确。）

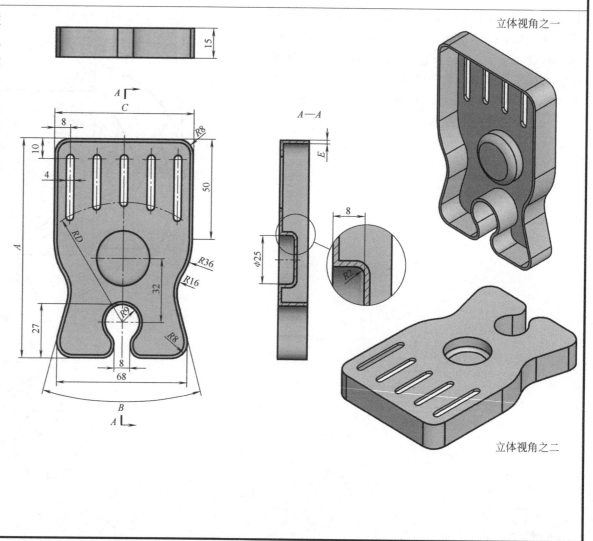

立体视角之一

立体视角之二

（2）参照图构建模型，注意其中的对称、相切、同心、阵列等约束关系。零件壁厚均为 E。图中：$A = 72$mm，$B = 32°$，$C = 30°$，$D = 27$mm。求：模型体积是多少？（注：精确到小数点后两位，与标准答案误差在 ±0.5% 以内视为正确。）

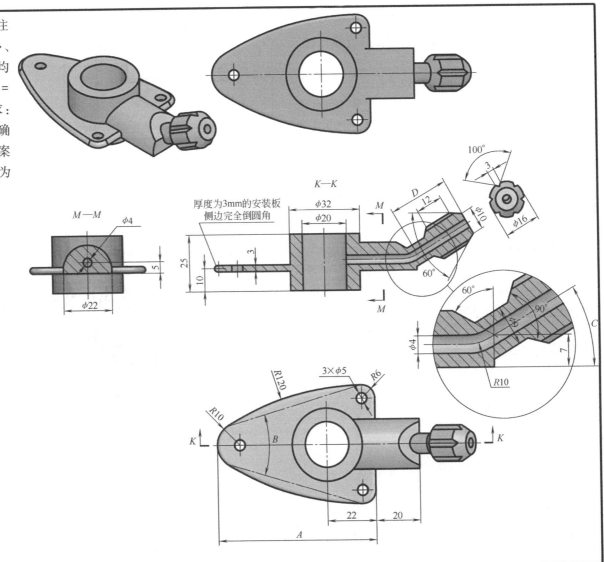

（3）参照图构建模型，注意通过方程式等方法设定其中尺寸的关联关系，并满足共线等几何关系。

需要确保的尺寸和几何关系如下：

1）右侧立柱的高度为整个箱体高度加 15mm，即图中的"$A+15$"。

2）右侧立柱的壁厚为架体主区域壁厚的两倍，即图中的"$2×C$"。

3）右侧立柱位于箱体右侧圆角 RB 区域的中心位置，即图中的"$B/2$"。

4）箱体外缘的长宽相等，均为 D。

5）加强肋的上边缘与架体上方的圆角相切。

图中：$A = 45$mm，$B = 32$mm，$C = 2$mm，$D = 120$mm。求：模型体积是多少？（注：精确到小数点后两位，与标准答案误差在±0.5%以内视为正确。）

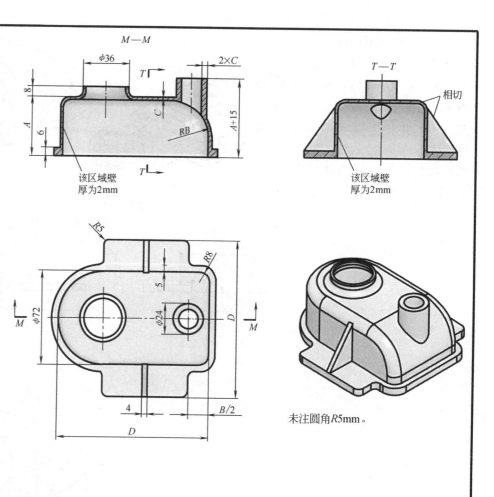

未注圆角 $R5$mm。

（4）参照图构建模型，注意除去底部 8mm 厚的区域外，其他区域壁厚都是 5mm。注意模型中的对称、阵列、相切、同心等几何关系。图中：$A = 112$mm，$B = 92$mm，$C = 56$mm，$D = 30°$，$E = 19$mm。求：模型体积是多少？（注：精确到小数点后两位，与标准答案误差在 ±0.5% 以内视为正确。）

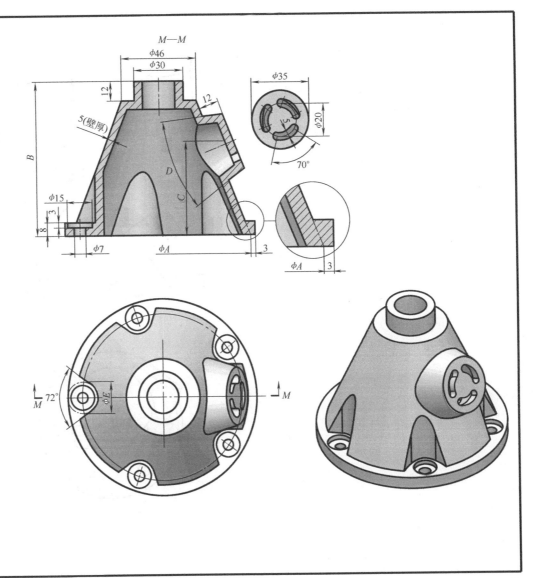

（5）参照图构建模型，请注意其中的偏距、同心、重合等约束关系。图中：$A=55°$，$B=87\text{mm}$，$C=37°$，$D=43\text{mm}$，$E=5.9\text{mm}$，$F=119\text{mm}$。求：模型体积是多少？（注：精确到小数点后两位，与标准答案误差在±0.5%以内视为正确。）

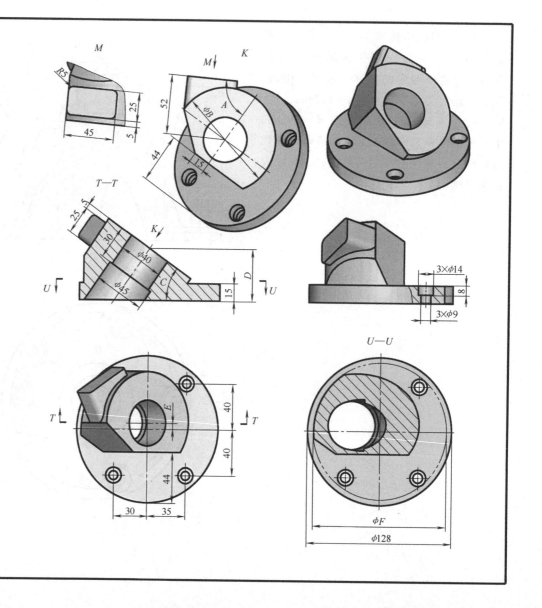

（6）参照图构建模型，请注意其中的对称、同心等几何关系。参数：$A = 20$mm，$B = 40°$，$C = 30$mm，$D = 18$mm，$E = 108°$。求：模型体积是多少？（注：精确到小数点后两位，与标准答案误差在±0.5%以内视为正确。）

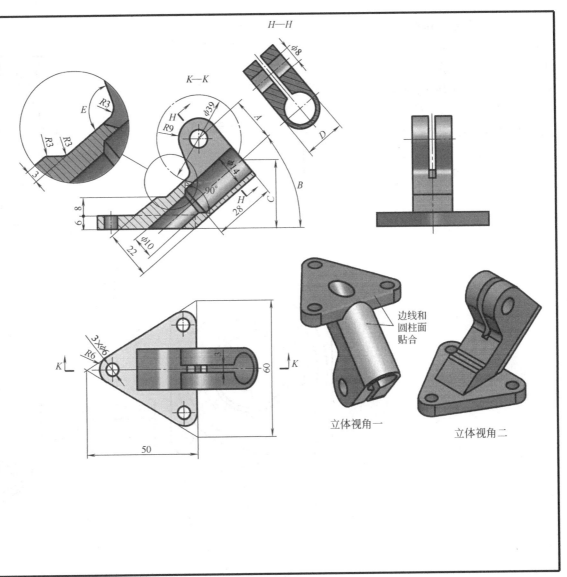

（7）参照图构建模型，请注意其中的同心、对称、阵列等几何关系。图中：$A = 85\text{mm}$，$B = 62\text{mm}$，$C = 25\text{mm}$，$D = 50°$，$E = 32\text{mm}$。求：模型体积是多少？（注：精确到小数点后两位，与标准答案误差在±0.5%以内视为正确。）

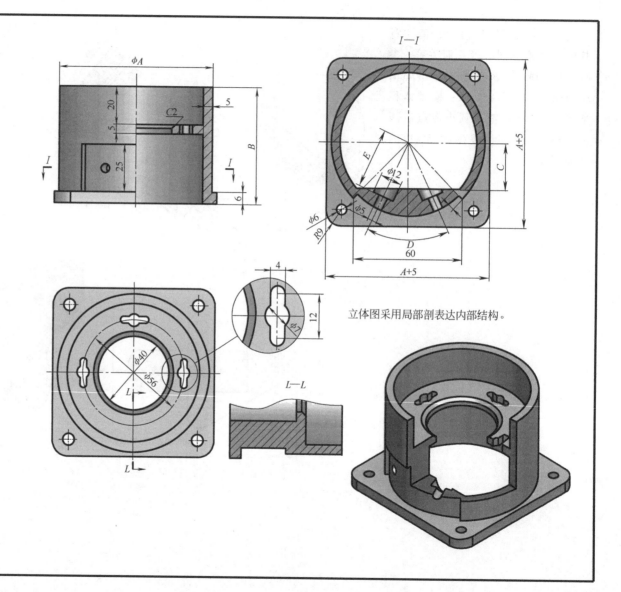

立体图采用局部剖表达内部结构。

（8）参照图构建模型，请注意其中的相切、阵列、同心等几何关系。注意：上半部分的壁厚均为 G。参数：A = 120mm，B = 72mm，C = 49mm，D = 60°，E = 30mm，F = 85mm，G = 2mm。求：模型体积是多少？（注：精确到小数点后两位，与标准答案误差在±0.5%以内视为正确。）

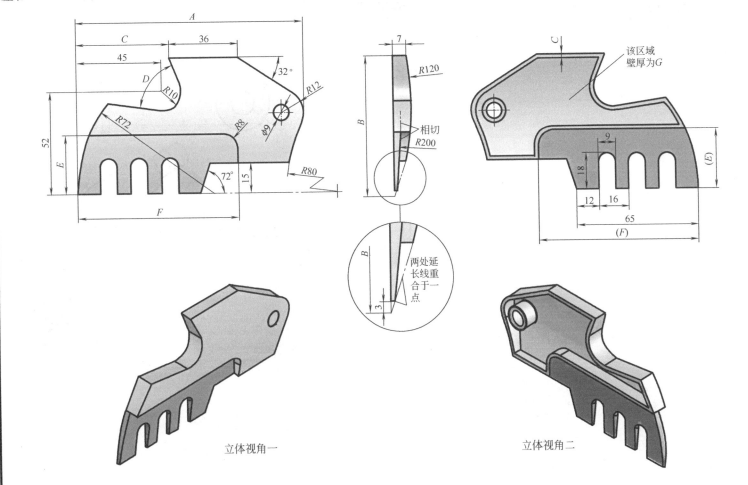

立体视角一　　　立体视角二

（9）参照图构建模型，请注意其中的重合、同心、相切等几何关系。图中：$A = 45mm$，$B = 16mm$，$C = 136°$，$D = 45mm$，$E = 3mm$。求：模型体积是多少？（注：精确到小数点后两位，与标准答案误差在 $±0.5\%$ 以内视为正确。）

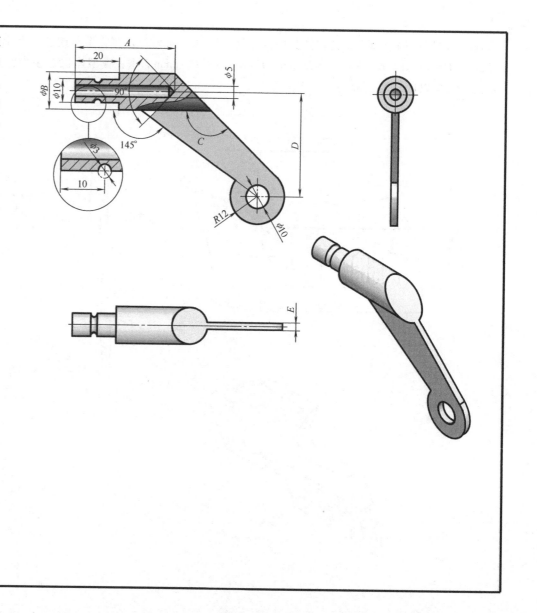

（10）参照图构建模型，其中未标注的厚度（或偏距）均为 A，请注意其中的同心、对称等几何关系。图中：$A = 1$mm，$B = 16$mm，$C = 60$mm，$D = 22$mm，$E = 145°$。求：模型体积是多少？（注：精确到小数点后两位，与标准答案误差在 ±0.5% 以内视为正确。）

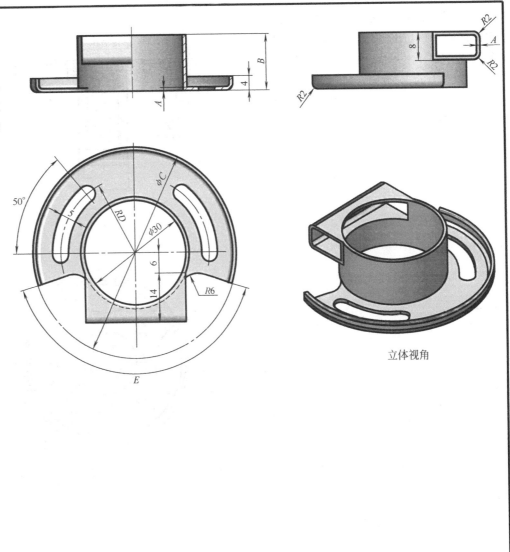

立体视角

（11）参照图构建模型，请注意其中的同心、相切、阵列、对称等几何关系。图中：$A = 49$mm，$B = 27$mm，$C = 32°$，$D = 83$mm，$E = 40$mm，$F = 119$mm，$G = 66$mm，$T = 3.3$mm。求：模型体积是多少？（注：精确到小数点后两位，与标准答案误差在 ± 0.5% 以内视为正确。）

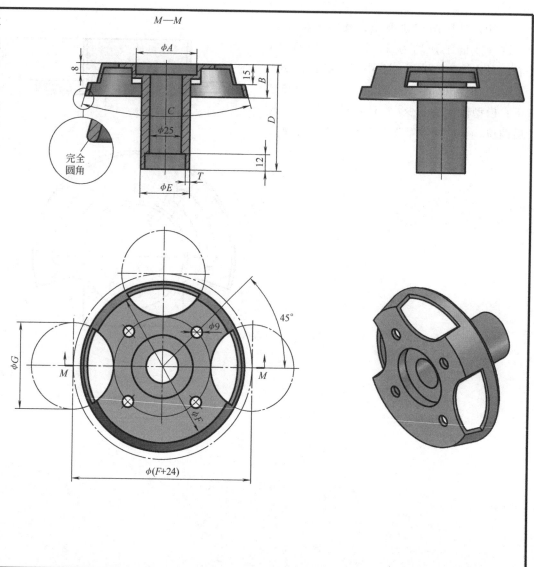

（12）参照图构建模型，请注意其中的相切、阵列、对称等几何关系。图中：$A = 6.6$mm，$B = 16$mm，$C = 12$mm，$D = 64$mm，$E = 136$mm，$F = 3.8$mm，$G = 96$mm。求：模型体积是多少？（注：精确到小数点后两位，与标准答案误差在±0.5%以内视为正确。）

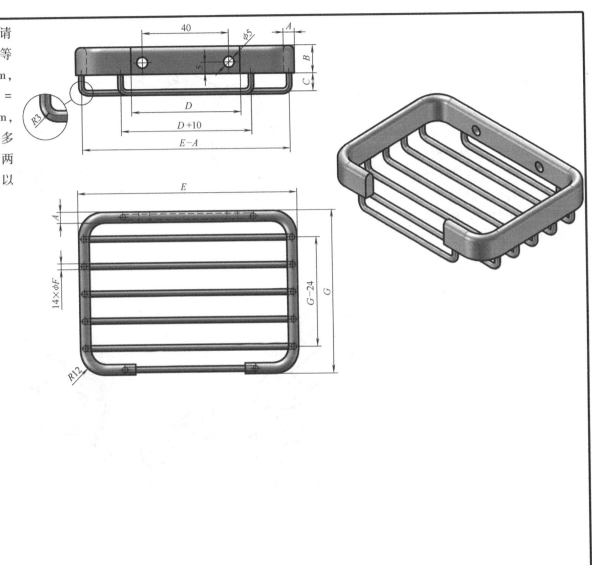

（13）参照图构建模型，其中未标注模型的厚度均为 T，请注意其中的同心、对称等几何关系。图中：$A = 36$mm，$B = 30°$，$C = 81$mm，$D = 38$mm，$E = 136$mm，$F = 18$mm，$T = 3$mm。求：模型体积是多少？（注：精确到小数点后两位，与标准答案误差在 ±0.5% 以内视为正确。）

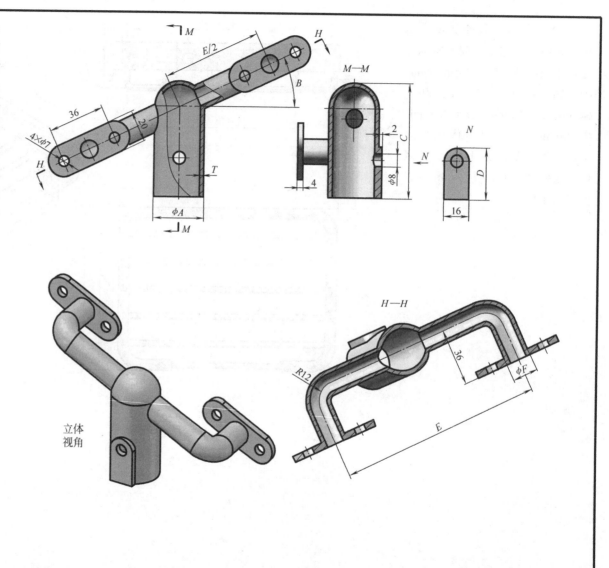

(14) 参照图构建模型,其中未标注模型的厚度均为 T,请注意其中的同心、对称、相切等几何关系。图中:$A = 68$mm,$B = 28°$,$C = 12$mm,$D = 44$mm,$E = 93°$,$F = 63$mm,$T = 1.7$mm。求:模型体积是多少?(注:精确到小数点后两位,与标准答案误差在 ±0.5% 以内视为正确。)

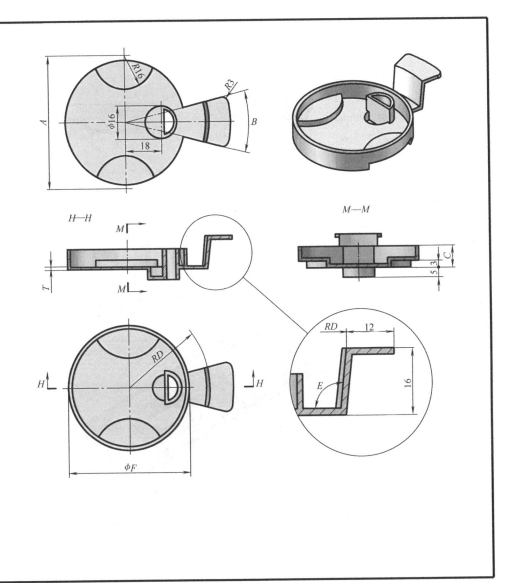

（15）参照图构建模型，其中未标注模型的厚度均为 T，请注意其中的同心、对称、相切等几何关系。图中：$A = 20$mm，$B = 43$mm，$C = 11$mm，$D = 46$mm，$E = 33$mm，$F = 186$mm，$G = 16$mm，$T = 1.8$mm。求：模型体积是多少？（注：精确到小数点后两位，与标准答案误差在 ±0.5% 以内视为正确。）

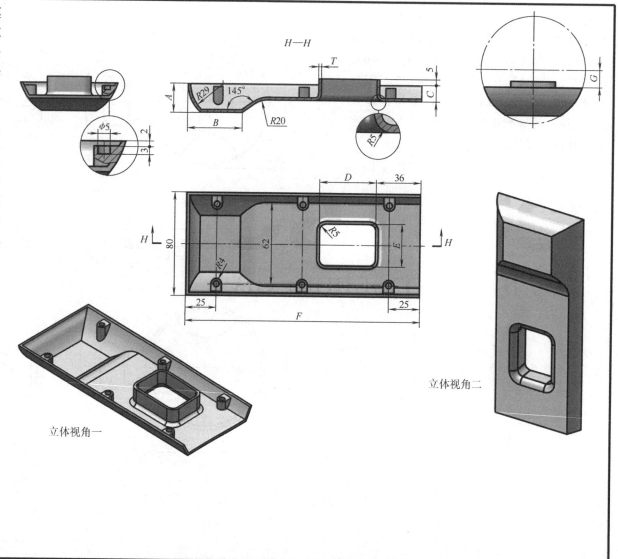

立体视角一

立体视角二

附录 竞赛图形答案

1. 2D 图形

（1）灰色区域面积：8071.15mm²；（2）灰色区域面积：2031.33mm²；（3）灰色区域总面积：3379.14mm²，$L1$ 长度：108.53mm；$L2$ 长度：61.63mm；（4）灰色区域面积：3898.73mm²；（5）灰色区域面积：22998.19mm²；（6）灰色区域面积：7547.93mm²；（7）灰色区域面积：10046.32mm²；（8）点区域面积：2037.51mm²；灰色区域面积：1577.31mm²；（9）点 $P1$ 到点 $P2$ 的距离：42.16mm²；灰色区域面积：1442.96mm²；（10）灰色区域面积：5768.15mm²；（11）点 $P1$ 到点 $P2$ 的距离：104.57mm；灰色区域面积：4076.47mm²；（12）点 $P1$ 到点 $P2$ 的距离：46.55mm；灰色区域面积：388.82mm²；（13）灰色区域面积：27767.13mm²；（14）点 $P1$ 到点 $P2$ 的距离：132.79mm；灰色区域面积：3371.98mm²；（15）灰色区域的面积：3323.1mm²；无色区域的面积：8357.89mm²。

2. 3D 图形

（1）模型体积：18654.35mm³；（2）模型体积：26369.97mm³；（3）模型体积：75012.60mm³；（4）模型体积：136708.44mm³；（5）模型体积：281405.55mm³；（6）模型体积：18991.26mm³；（7）模型体积：117619.68mm³；（8）模型体积：15912.98mm³；（9）模型体积：10568.17mm³；（10）模型体积：3143.55mm³；（11）模型体积：105563.05mm³；（12）模型体积：46656.39mm³；（13）模型体积：53699.71mm³；（14）模型体积：11145.68mm³；（15）模型体积：35522.494mm³。

参 考 文 献

[1] 大连理工大学工程图学教研室. 机械制图习题集［M］. 6版. 北京：高等教育出版社，2013.
[2] 金大鹰. 机械制图习题集［M］. 4版. 北京：机械工业出版社，2016.
[3] 巩宁平，陕晋军，邓美荣. 建筑CAD［M］. 5版. 北京：机械工业出版社，2019.
[4] 何煜琛，李婷，谢琼. 新编三维CAD习题集［M］. 北京：人民邮电出版社，2018.
[5] 何煜琛，张宏彬，矫健. CAD习题集（2016）［M］. 北京：高等教育出版社，2017.